U0320128

An Illustrated Guide to Odd Animals

奇怪的生物图鉴

[日]沼笠航 著　　Ina 译

CTS 湖南科学技术出版社

前　言

嗨！大家好，我是在网络上画插图和漫画的沼笠航。没想到用“沼笠”这个名字在推特和博客上连载的“生物图鉴”系列，竟然被编辑成了一本书！太激动了！我按照自己的想法，在这本自由的图解书中填满了各种各样的生物，其中有我很早以前就喜欢的鸟类和鲨鱼等。对喜欢生物的人不必过多介绍，但这本书如果可以作为一个契机，让那些不喜欢生物的人也能踏进这奇怪又严肃的生物世界的话，那就没有比这更令人感到开心的事情了。

欢迎大家来到深奥且不同寻常的“生物世界”。

目录

第 1 章

空中的生物

告知秋天的猎人
伯劳
英语叫作shrike。
我饿了。
这只国外的伯劳颜色不一样。
顺便说一下，在德国它们被称为“绞刑天使”。
虽然和麻雀差不多大，但它是肉食动物！
来源于伯劳带有处刑人的某个习惯……
呃
（具体介绍请看下一页）
它有着像鹰一般的钩型嘴和锋利的爪子，猎食虫子和小动物吃。
日文汉字写作“百舌”，来源于它很擅长模仿其他鸟类。
哔哔哔哔哔。
擅长模仿的雄鸟很受欢迎。
一到秋天它们会从高处发出巨大的“叫声”争夺地盘！
顺便说一下，在江户时代有种传言，“伯劳叫的夜晚有人会死”，所以曾被当作不祥之鸟。
然后独自度过冬天……它们是冷酷无情的孤傲鸟类！
想吃豆子。
不懂孤傲的鸟类
大道理伯劳
我就算不叫，人也会生老病死的吧。

伯劳的食物

青蛙
蚂蚱
蜥蜴
有时会吃一半，有时就那样放着

如果有小动物和虫子被尖树枝或铁丝刺穿身体的话，那一定是伯劳干的！这种习性叫作“行刑”！

※ 一部分画得比较含蓄。

即使个头大点的小动物或者外壳较硬的昆虫也能被伯劳巧妙地刺穿身体！可见伯劳的强大力量和精湛技巧！

我们聊一聊吧。
老鼠
啊啊
刺穿

但是，我们还不知道伯劳“行刑”的原因。

说法①：把吃剩的留下来，等过一段时间再吃。

说法②：为食物缺少期而储备食品。

说法③：把猎物串成串儿吃起来更加方便。

说法④：是本能，并没有什么特别意义。

虽然有各种各样的说法，但是没有准确答案。
充满神秘色彩的伯劳今年也来告知我们秋已深了……

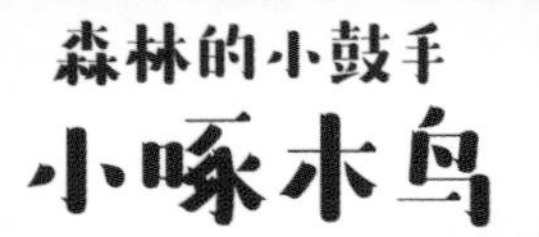

日本最小的啄木鸟！

说不定在那边就有，找找看吧！

它们会用锋利的喙啄树，

然后把躲藏的虫子找出来吃！

笃笃笃！

它会发出像门开合一样吱嘎吱嘎没什么特色的声音，但听习惯的话就会知道："啊，是小啄木鸟。"

即使藏在缝隙里也要拽出来！

完了！

虫

小啄木鸟的羽毛

因为是深棕色和白色的斑点花纹，所以不太容易和树皮区分开。

小啄木鸟的爪子

用四趾牢牢地抓在树上，而且能敏捷地移动。

它也会和其他小鸟混合组团。

（我们称这种团体为"混群"）

我来为大家介绍我们帅气的成员。

山雀　白眉　长尾山雀

小啄木鸟的尾巴

又大又有力的尾部羽毛！配合两脚三点保持平衡、支撑身体的优秀鸟类！

不会再弄错了！小啄木鸟和大猩猩

（注释：小啄木鸟和大猩猩的日语发音很相似。）

嗯？
小啄木鸟和大猩猩，哪个是哪个来着？

有过这种疑问的人应该不少吧……

这也情有可原！因为小啄木鸟和大猩猩在“敲打”这个习性上非常相似。

敲打 = 通过敲击某样东西来进行交流的行为。
比如占领地盘和吸引雌性等，它的作用多种多样。

在森林里只要侧耳倾听就会听到

在热带雨林中只要仔细去听就会听到

让我们记住吃虫子的是小啄木鸟，吃香蕉的是大猩猩，
即使如此可能仍然会有人觉得“还是容易弄混”。
但小啄木鸟也好，大猩猩也好，人类也好，
大家都是生活在地球上无可取代的伙伴，
所以从这个意义上来说，大家都是
一样的……
真的有必要非得区分开来吗？ 完

寒冬的偶像
北红尾鸲
天气变冷时会飞来日本，
非常可爱的冬候鸟！
白色的头、黑色的脸和羽毛，
而橙色的身体是它的魅力所在。
日文汉字写作
“尉火焚”，
“尉”指的是
白发老头子，
竟然叫我老头子！
和麻雀
差不多大小
我这是高雅。
雌鸟很普通
朴素的色彩搭配也很有人气
一边鞠躬一边摇尾巴的独特动作
“火焚”
源自它的叫声很像
打火石发出的声音
（“咔嚓咔嚓山”的咔嚓咔嚓）。
咔嚓
咔嚓
咔嚓
呜啊啊啊
什么声音？
咔嚓
咔嚓
咔嚓咔嚓山的声音。
原来如此。
这你也信。
翅膀的白色斑点很像带有家徽的和服
也被叫作
纹付鸟
“鹟科”的鸟都是偶像级别的小可爱
野鸟会？你们都会成为我的俘虏。
黄眉
在以严冬为名的宇宙中闪耀的我就是太阳。
北红尾鸲
你问青鸟在哪里？在你眼里。
红胁蓝尾鸲
在你心里
点燃一把火
HITAKI3

我的地盘

北红尾鸲是地盘意识非常强的鸟类！
雄鸟也好，雌鸟也好，都有只属于自己的地盘，基本上是一个人孤零零地生活（除了在繁殖期）。

咔，咔嚓咔嚓。

来到一个地方就会立刻飞到高处鸣叫，宣告这是自己的地盘。

日刊 野鸟体育 2017年1月32日 野鸟体育

解散！

HITAKI3

不适合团体行动。

如果在自己的地盘里遇到了别的北红尾鸲会大打一架（无论对方是雄鸟还是雌鸟）。

你干什么！

要打架吗！

但它们有时会和伯劳共享一个地盘，可以看到这样一幅场景：在视野很好的高处，北红尾鸲和伯劳交替着鸣叫。

唧唧唧唧唧唧。

接下来换我了。

被伯劳捕食的老鼠

大概是因为好地盘跨越了种族，很有人气吧。

地盘意识过强、和车的侧反光镜战斗的北红尾鸲。

什么？！

你干什么！你谁啊啊！

哐 哐 哐 哐 哐 哐

你要干什么！

好平静啊。

北红尾鸲的战斗未完待续……

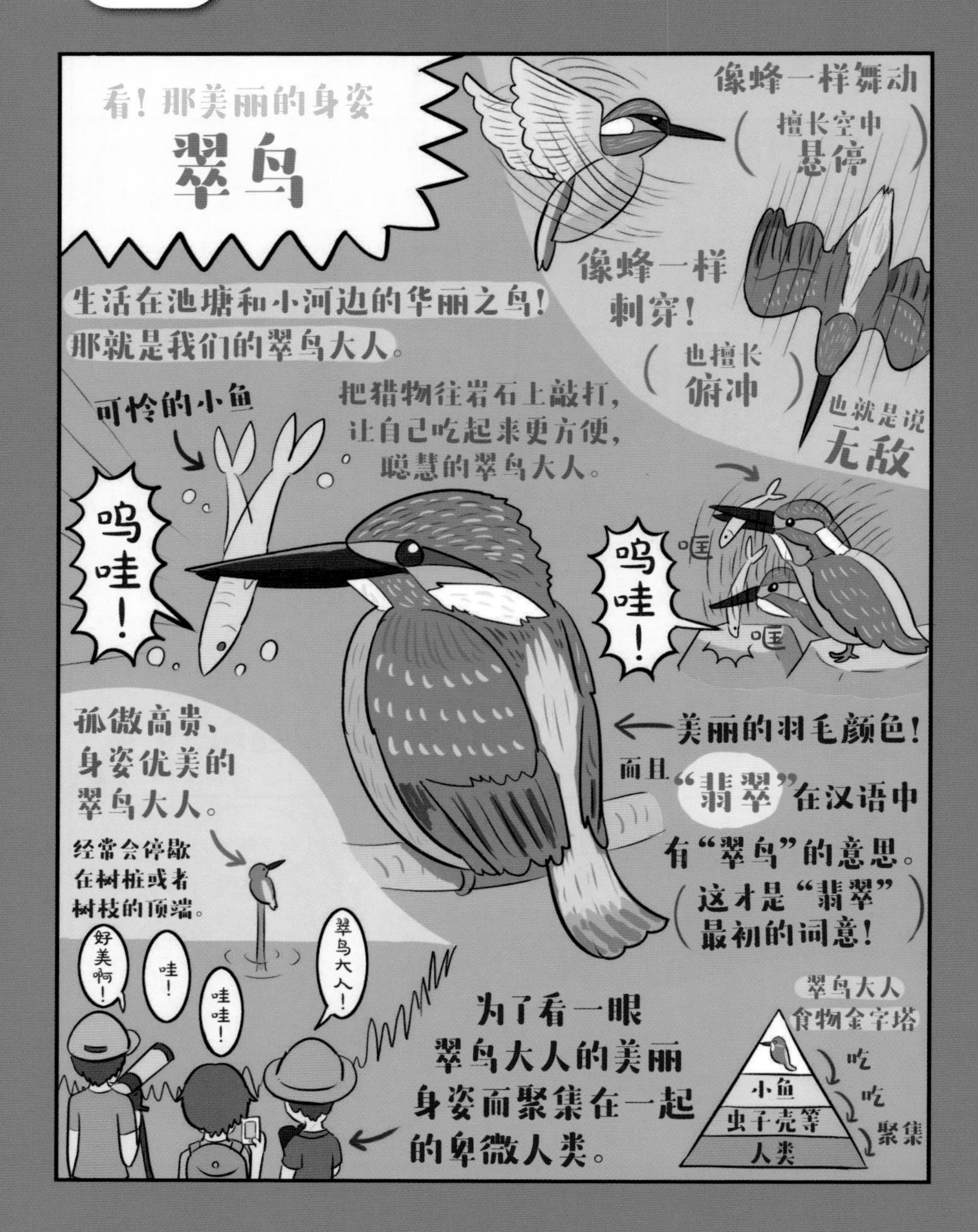
看！那美丽的身姿
翠鸟
像蜂一样舞动
（擅长空中悬停）
像蜂一样刺穿！
（也擅长俯冲）
也就是说无敌
生活在池塘和小河边的华丽之鸟！
那就是我们的翠鸟大人。
可怜的小鱼
把猎物往岩石上敲打，
让自己吃起来更方便，
聪慧的翠鸟大人。
呜哇！
呜哇！
哐
哐
美丽的羽毛颜色！
而且“翡翠”在汉语中有“翠鸟”的意思。
（这才是“翡翠”最初的词意！）
孤傲高贵、
身姿优美的
翠鸟大人。
经常会停歇
在树桩或者
树枝的顶端。
好美啊！
哇！
哇哇！
翠鸟大人！
为了看一眼
翠鸟大人的美丽
身姿而聚集在一起
的卑微人类。
翠鸟大人
食物金字塔
小鱼
虫子壳等
人类
吃
吃
聚集

翠鸟大人那份伟大的爱

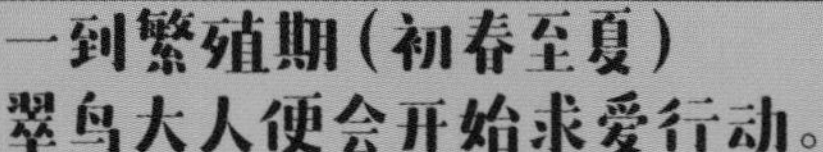
一到繁殖期（初春至夏）
翠鸟大人便会开始求爱行动。

雄　雌

下喙会……

偏黑色　橘色

一边相互发出优美的叫声，
一边优雅地相伴飞行。
就这样，雄性和雌性的翠鸟大人
慢慢地向彼此靠近。

呜哇！

这种优美的爱情表达方式
就是“求爱投食”！
雄鸟为了雌鸟而捕鱼。

呜哇！
♂
♀

雌鸟如果接受鱼，
即牵手成功！

HAPPY
呜哇！

把和自己身长差不多的鱼送给对方，
翠鸟大人纯粹又狂野的求爱行为……

用人类来打比方的话，就是
把金枪鱼当作礼物送给对方。

请接受它！

结婚金枪鱼

哇！这是多么气派又伟大的
爱啊……
为翠鸟大人的伟大而感叹吧！

卑微人类的卑贱的
爱情表达

啊～

极其小的一块

假面无声杀手
草鸮

以面具般的脸为特征的、在世界各地森林广泛分布的猫头鹰。
（遗憾的是日本没有）

英语名：barn owl
（杂货屋的猫头鹰）

它的心形脸能收集像抛物面天线发出的声音！

连猎物发出的微小声音也不会漏掉。

不发出任何声音，从空中突然袭击猎物！被称为“无声的夜之猎人”。

白天在睡觉

通过灵活地转动脑袋来锁定猎物。

因为它也吃老鼠，所以受到农民的喜爱。

明明猫
更可爱啊。
猫

问题环节

不过，再怎么转
也转不到后面
去吧？
老鼠

转得到，
能转大约
270 度。

猫头鹰的爪子是所有猛禽类中最强也最有名的！

它们扑向猎物，猎物连骨头都会被彻底粉碎！

老鼠的
命运
是？！

互相谦让的绅士

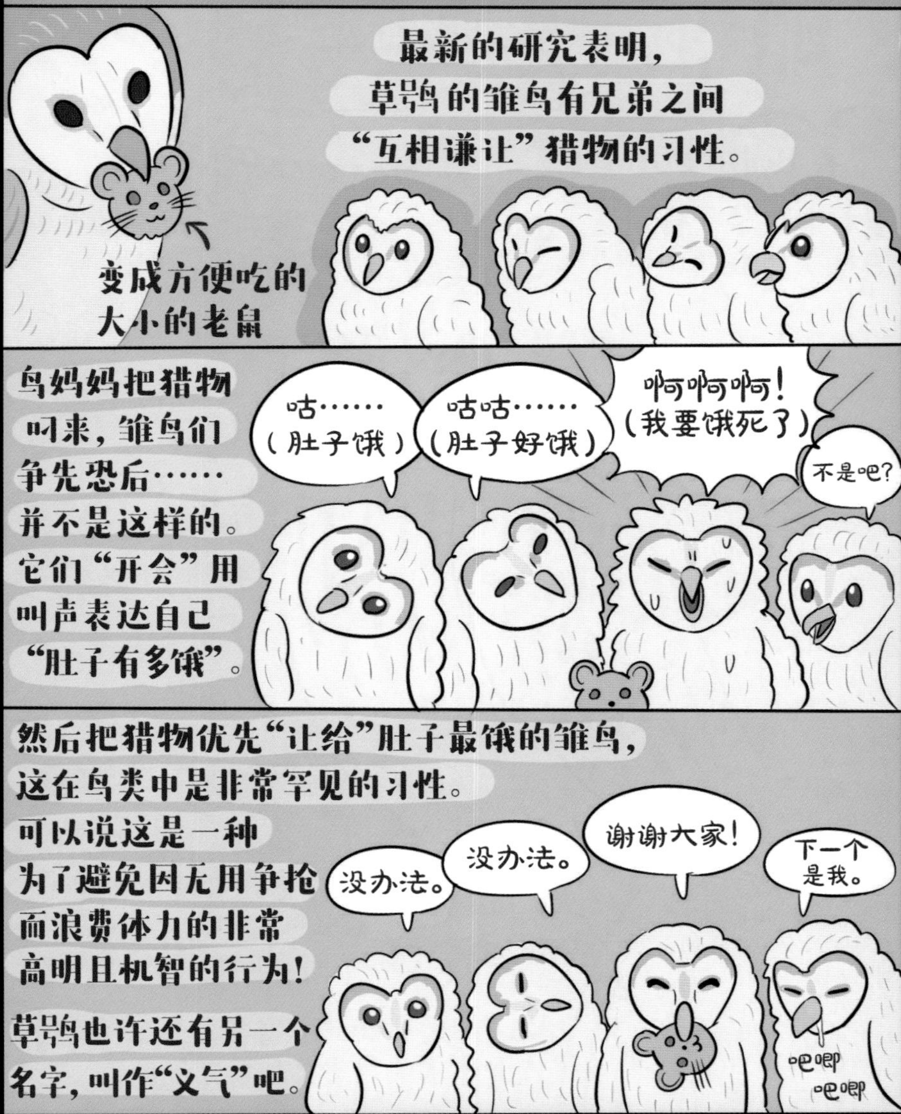

最新的研究表明，
草鸮的雏鸟有兄弟之间
“互相谦让”猎物的习性。

变成方便吃的
大小的老鼠

鸟妈妈把猎物
叼来，雏鸟们
争先恐后……
并不是这样的。
它们“开会”用
叫声表达自己
“肚子有多饿”。

咕……
（肚子饿）

咕咕……
（肚子好饿）

啊啊啊！
（我要饿死了）

不是吧？

然后把猎物优先“让给”肚子最饿的雏鸟，
这在鸟类中是非常罕见的习性。
可以说这是一种
为了避免因无用争抢
而浪费体力的非常
高明且机智的行为！

草鸮也许还有另一个
名字，叫作“文气”吧。

没办法。

没办法。

谢谢大家！

下一个
是我。

吧唧
吧唧

肉食系大贤者
雕鸮
世界上最大的猫头鹰！
张开翅膀近两米长。
学名 Bubo bubo
有着像耳朵一样羽毛
（羽角）
的猫头鹰在日文中叫作
“角鸮”，但在英语中
猫头鹰和角鸮没有区别
都叫作owl。
Say owl！
角鸮和猫头鹰
实际上除了外
表，并没有什么
不同。
总之，只要是生物，
什么都吃！
老鼠
兔子
猫
狐狸
羊
蝙蝠
刺猬
鹭
海鸥
鹰
什么！
而且
它还会吃其他的
猫头鹰！
掩饰不住内心不安的猫头鹰
不是吧！
猫头鹰的
同伴有把消
化不掉的
东西（骨头和毛发等）
混在一起吐出来的习性。
这种吃下又吐出来的
习性叫作
“食丸”！
这会成为了解鸟类
食性的
重大线索。
吐
像这种过着如此丰富多彩
饮食生活的鸟类是非常罕见的。
没被消化掉的老鼠的一部分

2007 年，在赫尔辛基举办的
芬兰与比利时的
国际足球比赛中，

一只巨大的
雕鸮降落在了运动
场上！比赛被迫中断一小时。

对人类无所畏惧的雕鸮悠然自得地
在运动场上空盘旋，而且
悠闲地停歇在一支队伍的
球门上……
情绪激动的观众们呼喊着
“fukaya”（芬兰语，雕鸮），
而这只雕鸮展现出一种若无
其事的自由姿态。

严肃的裁判也
不禁露出了笑容

过了一会儿，雕鸮
不紧不慢地飞走了……

在那之后芬兰队得了两分，取得了胜利！
雕鸮由此成为了芬兰队的吉祥物，而且
芬兰队也在全世界被称作“fukaya”。

不久后大家知道
它栖息在市内，
给它取了个名字叫
作“bubi”，
还给它颁发了
赫尔辛基市民奖。

春宵苦短前进吧
鸮鹦鹉
世界上唯一的“不会飞的鹦鹉”！
也被叫作“猫头鹰鹦鹉”，
它是生活在新西兰的可爱鸟类，
但是面临灭绝的危机！
也是世界上最重的鹦鹉
3~4kg
认识？
不。
有2~3只鸡那么重
kakapo在毛利语中是
夜之鹦鹉的意思。
“鸟如其名”，它是夜行性动物，
夜晚独自在森林里徘徊，
用其发达的嗅觉
寻找猎物。
主要的食物
是树的果实。
特别喜欢
柏树的果实。
翅膀退化变得很小！
只有从树上飞
下来的时候
才会用到
翅膀……
绿色的身体使它隐藏在
草木之中时很难被发现。
赫斯特鹰
据说张开翅膀
有三米长
可以认为这是
曾经为了躲避巨大的老鹰，
隐藏自己而进化的结果（变成
夜行动物也是这个原因）。
鹦鹉小知识
能活很长！
也许能活到
九十岁？
其寿命
在鸟类中
也名列前茅
身体会发出
独特的香味。
类似于小苍兰
和蜂蜜的
气味
蜂蜜
真的假的？
不怕人！
甚至想和人类
（的头）交配……
呜哇
在“求偶场”
进行独特的繁殖。
到了晚上，
雄鸟们聚集在开阔的山丘上
举办一种“夜总会”式的活动。
从各自挖的洞中发出
数千米之外
也能听到的低吼声，
吸引雌性。
咚。
咚……
好帅啊！
身体膨胀得很大

爱与悲伤的鸮鹦鹉

鸮鹦鹉现在是世界上最珍稀的鸟类之一，
但是很久以前在新西兰，
是有很多很多的……

数量多达
100万只！

呜哇！

鹦鹉在过去是会飞的，
而且在新西兰也几乎
没有天敌。

据说鸮鹦鹉
多到像苹果一样
从树上掉下来……

!!

牛顿

在这与世隔绝的乐园里，鸮鹦鹉渐渐失去了飞行能力，
身体也变得越来越圆、
越来越胖，
进化（？）成
“世界第一无防备鸟类”，
接下来等待它们的
悲剧可想而知。

是的，对于原住民和欧洲移民带来的猫、
狗、鼬等哺乳类动物来说，
鸮鹦鹉是极好的猎物！
因为它们没有天敌这个概念，
再加上遇到危险时就僵在原地，
根本没有可能抵挡得住捕食者……
更糟糕的是，
它们的蛋被老鼠吃个精光。

鸮鹦鹉正走向彻底的灭绝……

狩猎排行榜 鸟类 好吃

鸮鹦鹉
4.6
新西兰/鸟类

猫：味道和分量都是最棒的，跑得也很慢，抓起来很轻松。

狗：对味道很挑剔的我也是非常满足啊！性价比很高，无可挑剔的五颗星。

鼬：有一种蜂蜜般的香味，而且很容易捕食。

为了保护仅存的鸮鹦鹉，
人们不断地进行增加繁殖数量的尝试！
把鸮鹦鹉迁移到别的岛上去，
但天敌白鼬横渡大海追了过来，使之全灭！

这种悲惨的失败反复上演，
现在鸮鹦鹉的数量降到了154只！（截至2016年）
只有祈祷这可爱又奇妙的鸟
不要像渡渡鸟一样从地球上消失……

鸮鹦鹉的冒险

COLUMN1 还想介绍它们！空中的生物

以“地球上飞得最快的鸟”而闻名的猛禽类！
它朝着猎物急速下降时的速度
比新干线时速 390 公里还要快！
在古代各种各样的神话和传说中出场，
人类也对其投去了崇拜的目光。
但是这极致且帅气的鸟类游隼，
在最近的 DNA 调查中被发现是
更接近鹦哥的品种（不是鹰）！
这种反差也是它的魅力……

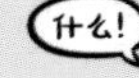

它是传说中“世界第一聪明的鸟”！
不仅可以模仿人类说话，
还能理解数量、颜色、形状等抽象的概念，
可以进行“思考”！
有着能与人类 4 ~ 5 岁儿童相匹敌的智力。
但是，灰鹦鹉因为自己的聪慧和可爱，
在故乡非洲遭受了滥捕的苦难……
为了不让世界第一聪明的鸟从地球上消失，
必须要严密监管才行。

鸟类中躯体最小的可人小鸟！
通过超高速地拍打翅膀可以在空中悬停，
这种高超技能是它的压轴绝活儿。
像直升机一样自由自在地飞旋，
停在空中汲取花蜜！
但用于维持这种压倒性的运动能力的成本
也高到不可小觑！
它必须不停地汲取超高热量的“花蜜”才行……

第 2 章

水中的生物

触手的智慧
真蛸
章鱼类中最主要的成员！有收集贝壳等且堆放在巢穴附近的习性。
被叫作“章鱼的庭院”
不是“贝壳的墓地”吗？
贝
墨汁中含有可以让敌人的眼睛感到火辣辣的成分。
看着像头的部位其实是躯干。
寿命大约两年！雄性在交配后、待雌性孵卵便死去。
吸盘非常有力
章鱼最惊人的能力是“拟态”！
是章鱼吗？！
!!
危险临近时会把身体的颜色和质感变得和周围的环境（岩石等）完全一样。
糟糕！
有的章鱼会通过改变颜色恐吓对方
杀了你！
豹纹章鱼
章鱼的皮肤有上百万个色素细胞（装有色素的袋子），像液晶显示器一样将其组合起来就能做到“拟态”！
原来是猫啊！
喵
骗谁呢！
贝

章鱼 优秀学生

章鱼被称为“最聪明的无脊椎动物”！
无脊椎动物最多能有约五亿个神经细胞，
它的学习能力在大多数鸟类之上……

据说比小鸟的学习能力更强

你想干什么？

快停下！

据说章鱼能够区分人类的长相。

在水族馆，对认为是来“喂食”的人会开心地靠近……

认为是敌人的话会对他喷水。

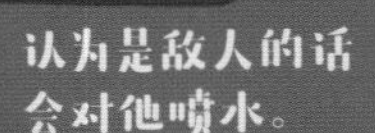

特别要提的是，章鱼解决问题的能力之强是压倒性的！

打开瓶盖逃脱。

打开装有螃蟹的瓶子。

观察其他章鱼的行动，“学习”打开盖子的方法。

章鱼约五亿个神经细胞中，
大约有三亿个存在于触手的神经关节。
章鱼的触手是“思考的触手”！
像电脑一样把“九个大脑”
分散开来处理更多的信息。

拥有保护自身的外壳且不需要同伴的孤傲章鱼
在这严峻的竞争世界“海洋”中生存了下来。

除此之外，它还有经过上亿年获得的最强
武器——高度发达的“智慧”！

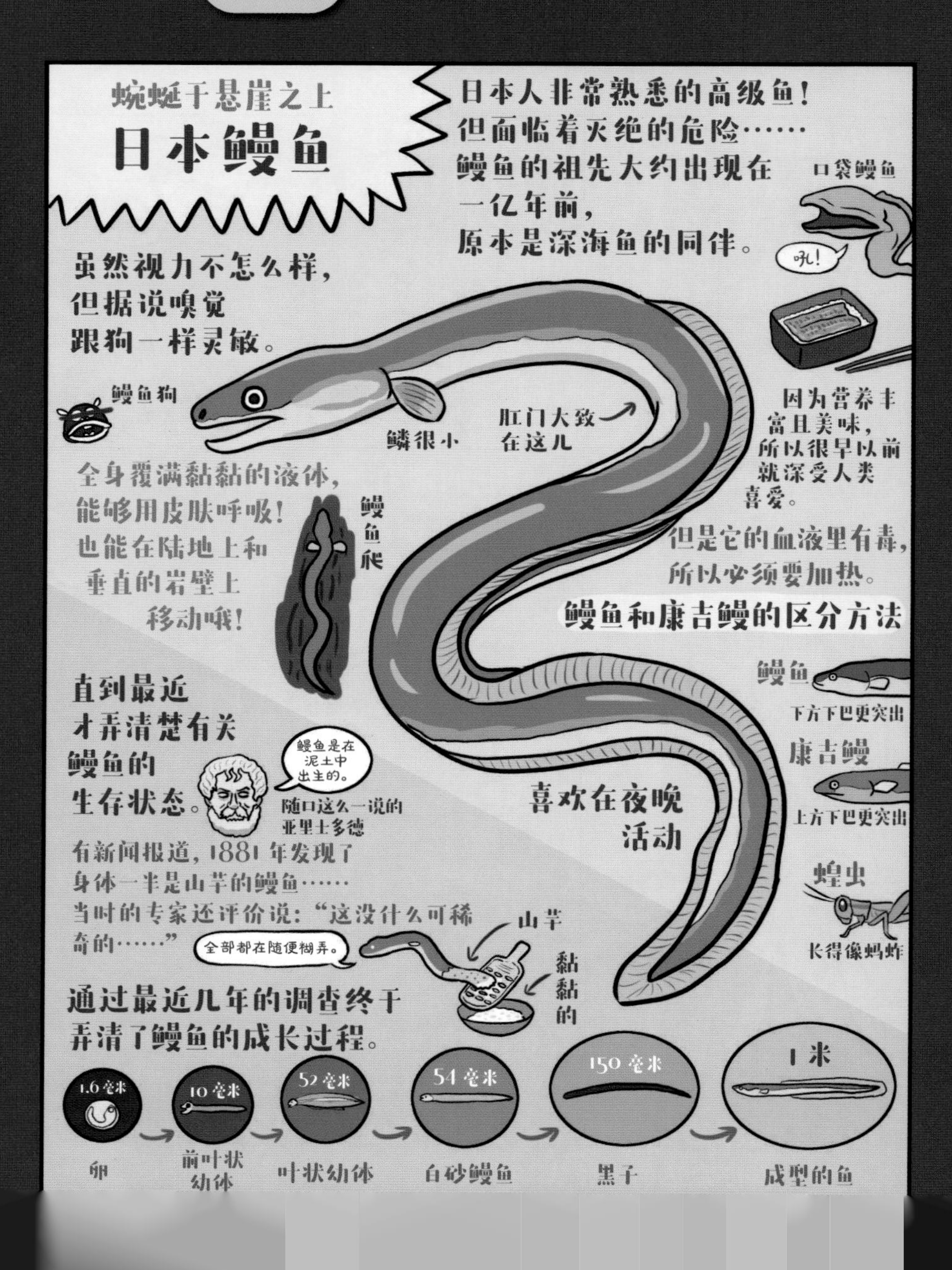
蜿蜒于悬崖之上
日本鳗鱼
日本人非常熟悉的高级鱼！
但面临着灭绝的危险……
鳗鱼的祖先大约出现在
一亿年前，
原本是深海鱼的同伴。
口袋鳗鱼
吼！
虽然视力不怎么样，
但据说嗅觉
跟狗一样灵敏。
鳗鱼狗
鳞很小
肛门大致
在这儿
因为营养丰
富且美味，
所以很早以前
就深受人类
喜爱。
全身覆满黏黏的液体，
能够用皮肤呼吸！
也能在陆地上和
垂直的岩壁上
移动哦！
鳗鱼爬
但是它的血液里有毒，
所以必须要加热。
鳗鱼和康吉鳗的区分方法
鳗鱼
下方下巴更突出
康吉鳗
上方下巴更突出
直到最近
才弄清楚有关
鳗鱼的
生存状态。
鳗鱼是在
泥土中
出生的。
随口这么一说的
亚里士多德
喜欢在夜晚
活动
蝗虫
长得像蚂蚱
有新闻报道，1881年发现了
身体一半是山芋的鳗鱼……
当时的专家还评价说：“这没什么可稀
奇的……”
全部都在随便糊弄。
山芋
黏黏的
通过最近几年的调查终于
弄清了鳗鱼的成长过程。
1.6毫米
10毫米
52毫米
54毫米
150毫米
1米
卵
前叶状
幼体
叶状幼体
白砂鳗鱼
黑子
成型的鱼

鳗鱼是永恒的吗？

鳗鱼的产卵地在哪里？多年以来都是个谜。
但是经过不折不挠地艰难调查后，
我们终于知道了它的产卵地在
马里亚纳海沟的海山！

黑潮
马里亚纳群岛
产卵地
骏河海山

新月鳗鱼相亲会

你有什么兴趣爱好吗？
潜水什么的……

六至七月的新月时期，
众多的鳗鱼聚集在一起产卵。
然后顺着黑潮北上！
真是让人摸不着头脑的生命周期。

没想到还挺远的。

日本鳗鱼捕获量在最近的十几年骤减，
2013年它被认定为有灭绝危险1B的生物……

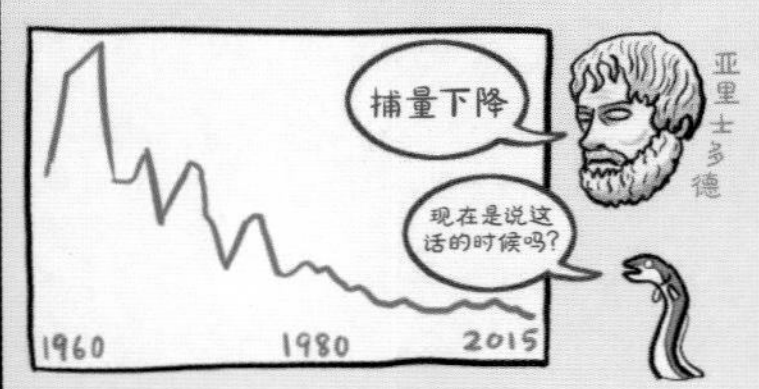

鳗鱼数量骤减有环境恶化的原因，
但影响最深的是由非法捕鱼带来的
滥捕。

呜哇！

※纯属想象

有谣言称市场上卖的鳗鱼一大半
都来自非法捕捞……

现在流通的鳗鱼大部分都是养殖的，
但也是通过抓来的野生白砂鳗鱼进行培育的。
所以野生鳗鱼减少的话，我们也吃不上养殖的鳗鱼。

人工孵化鳗鱼的“完全养殖”研究虽然在进行中，
但是离实际运用还需要很长时间。
为了防止受人喜爱的神秘且美味的
鳗鱼从世上消失，我们必须知道实际情况。

100年后的未来……
“鳗鱼向上”（直线上升）的鳗鱼是什么东西啊？
不对哦。
以前的书

轻飘飘的不死之身 灯塔水母

在现存的144万种动物中
唯一称得上“永生”的生物，
也被叫作“水螅纲”
的伙伴。

僧帽水母

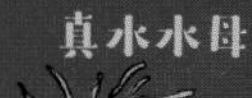
真水水母

伙伴们→
要我刺你
一下吗？

剧毒

生活在
淡水中

身长不足1厘米

我们长得
挺像的吧？

才不像

像吗？

透过“草莓大福饼”的体表看到的体内消化器官是红色的，这是它名字的由来。

灯塔水母也不过是
一种小水母，
如果被吃掉的话，
当然也就死掉了。

呜哇！

也有黄色的
灯塔水母

像吗？

日本
灯塔水母

但是（如果不被吃掉的话），
寿终正寝的灯塔水母
在死前会“返老还童”。
在理论上，是能够做到永生的！

1992年
的一天，意大利
南部某大学……灯塔水母
饲养员学生不小心把水槽搁在一边忘记收拾！

哇！

但是事后并没有发现水母的尸体，
相反地出现了大量的水母宝宝，
这到底是怎样发生的呢？
这是人类第一次意识到，
关于灯塔水母的不可思议的瞬间。

哇！

明日 永生

灯塔水母在遭遇外敌袭击时受伤，或因为环境变化而难以生存的时候会沉到海底，把身体团成一个丸子。

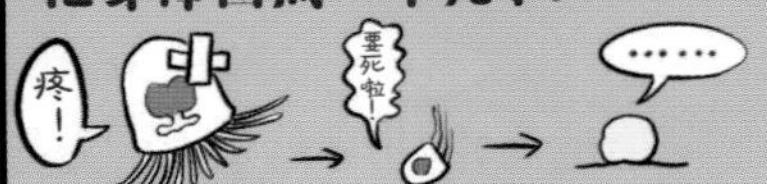
疼！
要死啦！
……

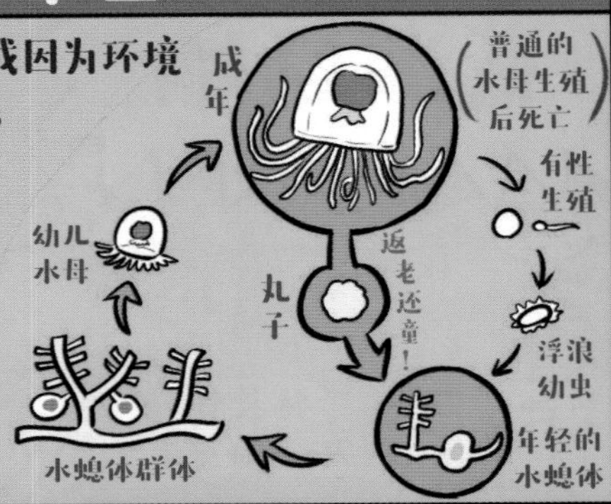
成年
普通的水母生殖后死亡
有性生殖
浮浪幼虫
年轻的水螅体
水螅体群体
幼儿水母
丸子
返老还童！

普通的水母死掉后就消失了，但是灯塔水母竟然能够从这个状态再次形成水螅体！也就是说，能够做到“返老还童”！

为什么灯塔水母可以做到违反自然法则的“返老还童”呢？这个秘密与“染色体”有很大的关系。

动物的染色体被称为“细胞分裂的套票”，有一个部分叫作“端粒”，一般情况下每进行一次细胞分裂，端粒就会减少，细胞也会随之死亡……

但是灯塔水母的细胞能够用酵素修复端粒，继续无限制地进行分裂！

与“蝴蝶变回青虫”相匹敌的奇迹般的灯塔水母“返老还童”系统。

如果可以解开隐藏在它们细胞里的秘密，也许实现人类梦想“永恒生命”的一天就会到来……

有人想要永生不死吗？
有的吧。

漂浮在波浪间的毒天使
蓝海蛞蝓
让人无法想象这是生存在
这个世界上的生物，
长得太不可思议了。
属于“裸鳃类”生物，
日本汉字写作
“青蓑海牛”。
厉害啊。
无所谓的
蓝海蛞蝓
咻！
愚蠢的
人类。
英语叫作蓝海燕（sea swallow），
还有蓝天使、蓝龙等别名。
生活在南西群岛
和小笠原群岛等地。
狂妄！
体长有
20~50毫米
蓝海蛞蝓
雌雄同体
被刺到很危险，
不要把它放在手上哦。
雄性
雌性
两性
多样性。
唏！
往胃里装满空气
浮在水面上。
外表很美丽，
但实际上是肉食动物！
会吃水母哦（因为准备饲料很
困难所以不建议饲养）。
鼓
鼓
~
感觉
真棒！
朝上的部位
是肚子！
背部海蓝色，正面银白色，这种
体色的伪装使它很难被天敌发现。
从水面上看
与海水颜色
相近
从水下面看
融入日光里
和企鹅是一样的。
原来
如此。
你才没
兴趣吧？
鼓
鼓
感觉
真棒！
睡
睡
蝙蝠
倒过来挂在海面
（天花板）上这一点
也许和蝙蝠很像？

天使杀手水母

令人恐惧的剧毒水母，僧帽水母
（准确来说不是水母）
被它刺到的话会感到一股强烈的电击般的疼痛，
所以被称为“电水母”。

有人因为被它刺到而死亡，
可以说它是这个世界上
最危险的有毒生物之一
（相当于眼镜蛇毒性的75%）。

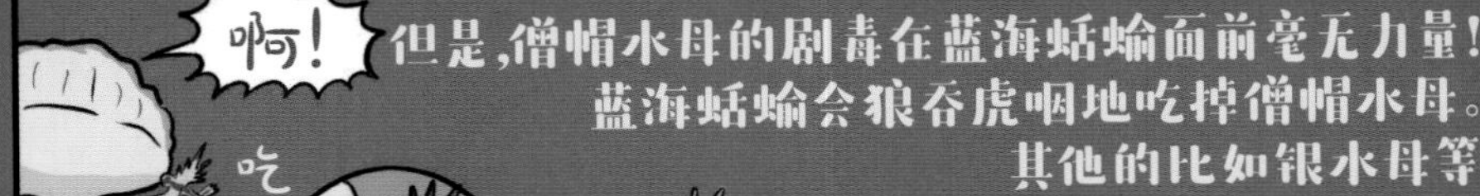

但是，僧帽水母的剧毒在蓝海蛞蝓面前毫无力量！
蓝海蛞蝓会狼吞虎咽地吃掉僧帽水母。
其他的比如银水母等
有毒水母也会被蓝海蛞蝓
满不在乎地吃掉哦。

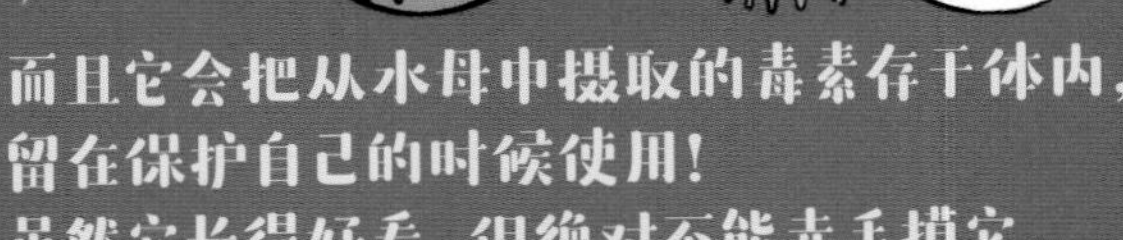

而且它会把从水母中摄取的毒素存于体内，
留在保护自己的时候使用！
虽然它长得好看，但绝对不能赤手摸它。

2017年2月，热浪来袭。
在澳大利亚的海滩上，
不知为何出现了大量的蓝海蛞蝓！
不小心触碰到它们的众多冲浪者
和海水浴游客都受到了毒害。
美丽的东西都是有毒的，
地上也好海里也罢，
都是一样的吧……

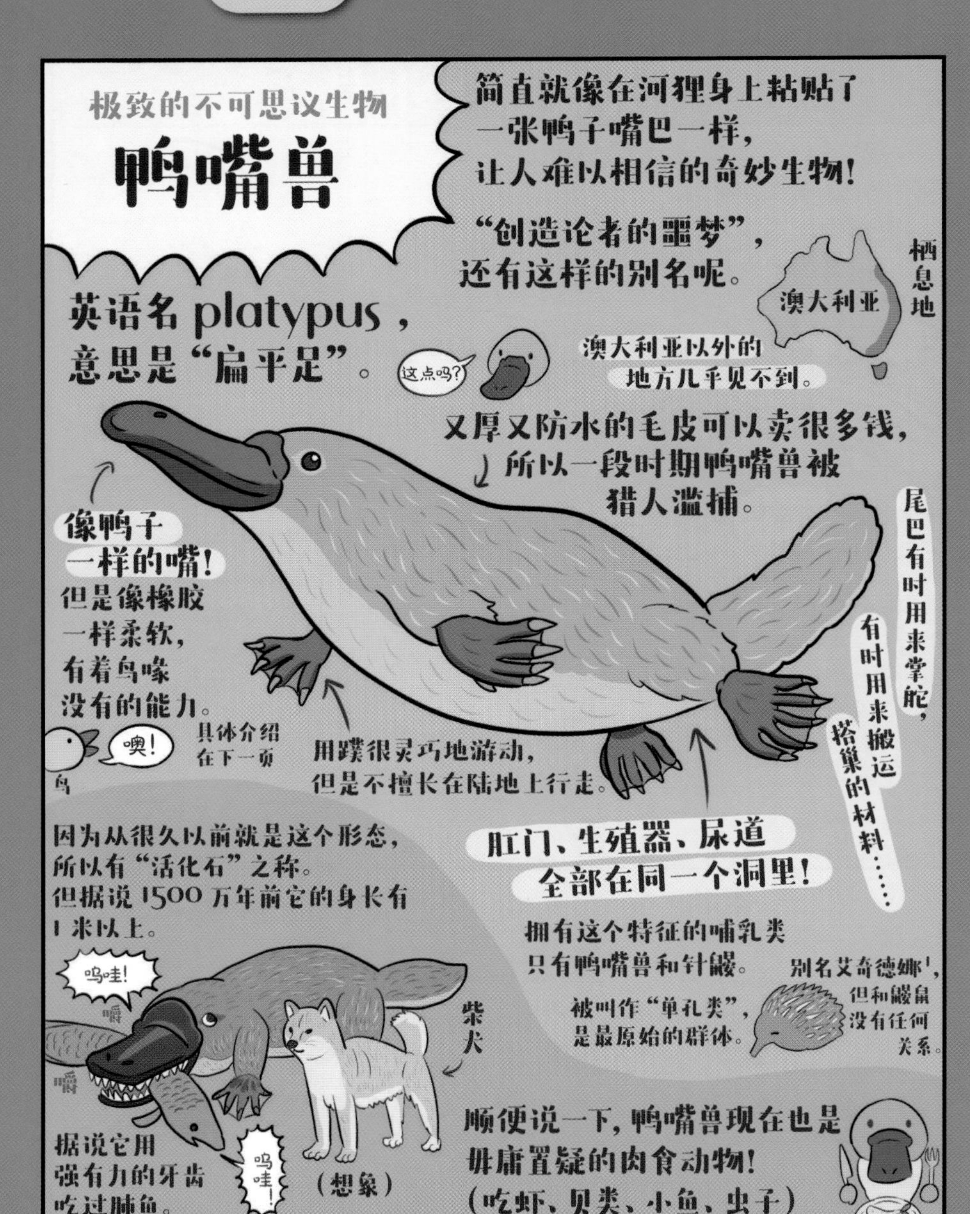
极致的不可思议生物
鸭嘴兽
简直就像在河狸身上粘贴了
一张鸭子嘴巴一样，
让人难以相信的奇妙生物！
“创造论者的噩梦”，
还有这样的别名呢。
栖息地
澳大利亚
英语名 platypus，
意思是“扁平足”。
这点吗？
澳大利亚以外的
地方几乎见不到。
又厚又防水的毛皮可以卖很多钱，
所以一段时期鸭嘴兽被
猎人滥捕。
像鸭子
一样的嘴！
但是像橡胶
一样柔软，
有着鸟喙
没有的能力。
尾巴有时用来掌舵，
有时用来搬运
搭巢的材料……
噢！
鸟
具体介绍
在下一页
用蹼很灵巧地游动，
但是不擅长在陆地上行走。
因为从很久以前就是这个形态，
所以有“活化石”之称。
但据说1500万年前它的身长有
1米以上。
肛门、生殖器、尿道
全部在同一个洞里！
拥有这个特征的哺乳类
只有鸭嘴兽和针鼹。
别名艾奇德娜[1]，
但和鼹鼠
没有任何
关系。
被叫作“单孔类”，
是最原始的群体。
呜哇！
嚼
嚼
柴犬
据说它用
强有力的牙齿
吃过肺鱼。
呜哇！
（想象）
顺便说一下，鸭嘴兽现在也是
毋庸置疑的肉食动物！
（吃虾、贝类、小鱼、虫子）

1 艾奇德娜(Echidna)，希腊神话中的人物，日语发音和针鼹相同。

这些方面很厉害哦！

1 产卵

大概是唯一产卵的哺乳类。

一次大约产两个卵。

最早主张“鸭嘴兽产卵说”的学者被当作了傻瓜哦！

最后还被教训“从动物学的基本开始重新学”。

100
卵比一百日元硬币还要小
太过分了！
鸭嘴兽宝宝

鸭嘴兽没有乳头！鸭嘴兽宝宝会舔妈妈肚子上毛毛里、从乳腺分泌出来的丰富奶水。

就算没有乳头好像也没什么大问题。

舔
舔

2 电气定位

用嘴巴边密集的大约4万个电感受器感知活体猎物产生的电波！

应该是只有特殊的鱼类（比如鲨鱼）、虫类才会拥有的非常罕见的技能。

电鳗
杀了你！

鸭嘴兽狩猎时不依靠眼睛、耳朵、鼻子。即使在完全漆黑的水中也不受影响。

粗心大意的小鱼
这么黑应该很安全啦。
活体电流
呜哇！
太可怕了！
电器定位

3 毒针

鸭嘴兽（仅限雄性）在后腿藏着毒针！虽然不必多说，但有毒的哺乳动物是特别罕见的！另一个有毒的哺乳动物就是出现在《疯狂动物城》里的鼩鼱等。

有冰的。

看！这个就是鸭嘴兽的毒。
葡萄状的毒腺
导管
毒槽
毒针
脚

鸭嘴兽毒和蝮蛇毒属于同一个范畴，是强有力的血毒素，可以轻易地毒死一条狗。

杀了你。

☆提问环节

能毒死柴犬吗？

回答：能。

鸭嘴兽的生存状态至今为止仍然是疑团重重……

完

南极大帝
皇帝企鹅
世界最大的企鹅！
身长约130厘米
皇帝企鹅
无关的6岁儿童
跳岩企鹅
阿德利企鹅
王企鹅
别名：帝企鹅
巴布亚企鹅
为什么是皇帝？
因为比王企鹅还要大，
也有像这种随意命名的说法，
但是不是真的不得而知。
往所是
南极大陆，
据太空卫星调查，
据说大约有
60万只，和八王子市
还有鹿儿岛市的人口数
大致相同。
有着鸟类中最厉害的潜水能力，
能够潜到水下600米
并持续20分钟以上。
太厉害了！
皇室企鹅
被称作脚蹼
骨头
为了游泳
而进化（退化？）出
企鹅独有的翅膀。
经常会出现的错误
和白熊（北极熊）
放在一起
欢迎来北极
企鹅不生活在北极，
在北半球就没有企鹅
（但是不包括水族馆）。
顺便说一下，日本饲养企鹅的
数量是世界上最多的。
你又不会飞，
要这翅膀
有何用？
海鸥
嘿嘿
啪
好痛！
被称为“雪橇滑行”的
冰上移动法！
匍匐滑行比走着要快。
可以当作武器

听说被扇过的人都骨折了……

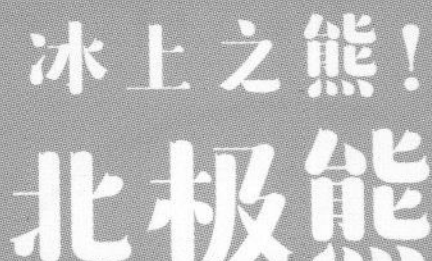
冰上之熊！
北极熊

生活在北极圈还有加拿大北部等极度严寒地区的北极熊，也是陆地上最大的肉食野兽！

主食是海豹和鱼！
呜哇！
呜哇！
在分类上接近棕熊！
可以进行交配哦。
北极熊
棕熊
不确定的个性
杂交种
2006年发现于加拿大
白色的体毛
实际上是透明的。
毛是中空的，
因为光的反
射显现为白色，
保温效果一流！
但是完全
抵挡不住热。
好痛苦啊。
与其他熊不同，
北极熊脚上
覆盖着很长的毛。
有保暖
和防滑效果！
用巨大的前脚
灵活地游动哦。
居然有记录显示北极熊曾经
最远游过687公里……
（相当于东京到函馆的距离）
据说时速可以
达到10公里
（自由泳选手的时速是7公里左右）
受到因全球变暖
导致冰川减少的影响？
太痛苦了！
冰

残酷！皇帝企鹅

开始

皇帝企鹅们在3－4月份会离开大海，就像事先商量好一样，目标直指内陆遥远的繁殖地。

有时是长达150公里的艰辛旅程。

用尽力气而死亡

终于到达繁殖地！求爱后牵手成功。

南极气温零下60摄氏度……

卵被冻僵了

恭喜！产卵成功！只产下一个珍贵的卵。

产卵后，企鹅妈妈回到海里捕食……

给卵保温是企鹅爸爸的工作！它们把卵放在脚上，再用孵化袋把卵裹住。因为没有巢，就只能一直站在冰上……

身体互相靠近，抵抗暴风雪！

通过吃雪来获得水分。

冻死或饿死

恭喜！小企鹅出生啦！

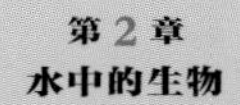

育儿游戏

（红色部分是游戏结束）

目标

长大的小企鹅回归大海！然后大约再过四年，它们就和自己的父母一样，再次远征内陆。

企鹅妈妈在海里为小企鹅抓了很多食物。

鱼和磷虾等

被海豹袭击

在等待企鹅妈妈的期间，企鹅爸爸会把叫作“企鹅奶”的乳状分泌物喂给小企鹅喝，对抗饥饿。

好饿啊！

忍受不住饿死

企鹅爸爸有时也会放弃小企鹅……

被贼鸥抓走

呜哇！

什么？
没有了。
呜哇！
犯人是失去自己孩子的父母等等……

妈妈终于回来了！

我回来了。

交接照顾小企鹅

她是谁啊？

被其他企鹅抢走了自己的孩子

在父母的保护下一步步走向大海不断成长的小企鹅们。

“kuleishi”在法语中是幼儿园的意思。

数月都没有吃东西的虚弱的企鹅爸爸向海里进发觅食。

摇摇

晃晃

保重啊。

你要去哪儿呀？

但是有很多没能走到海边就中途死掉了。

在那之后，企鹅妈妈和企鹅爸爸（如果还活着的话）交替照顾孩子。

小企鹅们开始建造一个叫作“kuleishi”的团体，这是走向自立的第一步。

残酷！
北极熊
开始
怀孕的熊妈妈到了秋天会在洞穴里储存脂肪，
尽量一动不动保存体力……
红色部分是游戏结束
在洞穴中产下
一般来说是俩
北极熊的新生儿在熊类中算特别小的。
体重仅有大约0.7公斤。
初春从洞穴中出来，
小熊长到了10–12公斤。
消瘦
熊妈妈在半年间都没有吃过东西……
太辛苦了。
这是什么？
不知道。
好白
好冷
小熊第一次玩雪。
北极熊有很强的好奇心。
用母乳喂养小熊，熊的乳汁中含有最丰富的乳脂肪！
小熊被狼抓走了
呜哇！
熊爸爸之间的打架！
气急败坏的熊爸爸可能会杀掉小熊。
巨大的食物会和大家一起分享。
发现鲸的尸骸！和其他熊一起愉快地分享吧。
找到海豹的巢穴，用前脚用力敲碎冰块！
咚
呜哇！
冰裂开，小熊掉落海中
呜哇！
小熊的保温能力还很弱，可能会被冻死。
狩猎的练习！
有事吗？
但是大多情况下都抓不到……

育儿游戏
小熊边看边学习
父母狩猎。
抓海豹1
从水中偷偷出现，
悄悄靠近……
嘘——
呜哇！
小熊被格陵兰
睡鲨袭击了！
据说活了数百年的
北海鲨鱼会吃
北极熊？！
抓海豹2
从冰上不被发现地
迂回靠近！
悄悄地
小熊
被海象的
牙刺死了
呜哇！
北极熊有时
会猎杀海象，
但是海象的
长牙很危险！
埋伏
静……
一直等，直到
海豹出现。
呜哇！
成功！
熊妈妈留下小熊，
只是冷漠地
转身离开……
目标
这是熊爸妈
最后的职责……
好像分别的时刻
到来了……
小熊的
狩猎技术
越来越好……
呜哇！
和爸妈一起
合力赶走了公熊！
小熊
被杀掉了
1.2.3.4
5.6
停！
最后的试练
和暴脾气的公熊
不期而遇了！
暂时停下来
掷色子。

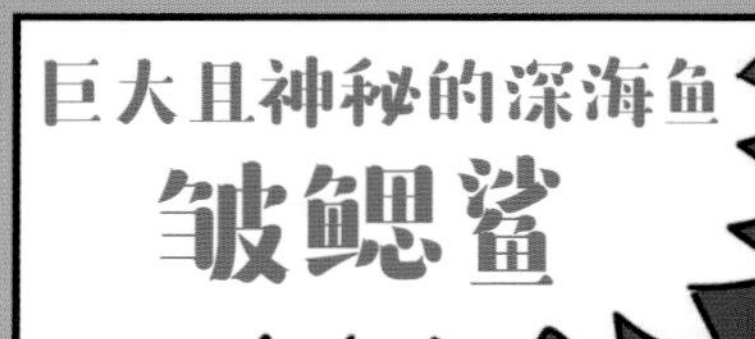

巨大且神秘的深海鱼 皱鳃鲨

因为有着和3.7亿年前最古老的鲨鱼“裂口鲨”相似的特征，也被称为“活化石”。

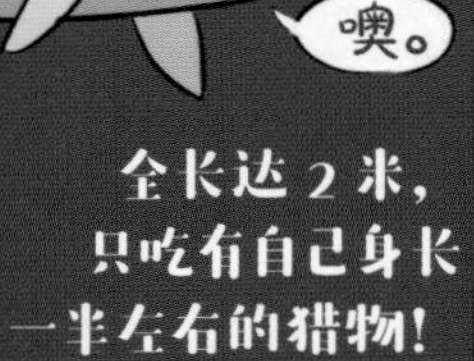

生活在深海之底的非常神秘的鲨鱼！日本汉字写作“羅鱶”

据说名字源于它的皮肤像呢绒一样光滑。

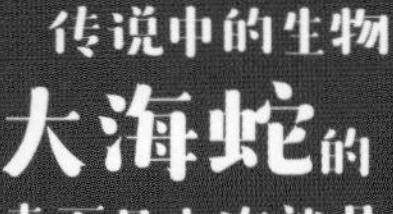

全长达2米，只吃有自己身长一半左右的猎物！

传说中的生物**大海蛇**的真面目也许就是皱鳃鲨？也有这种说法哦。

嘴巴里密密麻麻地排列着呈锯齿针状的牙齿！

是非常适合抓章鱼等生物的原始牙齿！

特异形状的皱纹鳃使其在深海中也能有效地吸取氧气！

它还是电影《新哥斯拉》中哥斯拉第二形态的原型呢！

你惊讶个什么啊?

英文名 frilled shark，意思是有褶皱的鲨鱼。

有六列鳃也是原始鲨鱼的特征！（一般的鲨鱼只有五列）

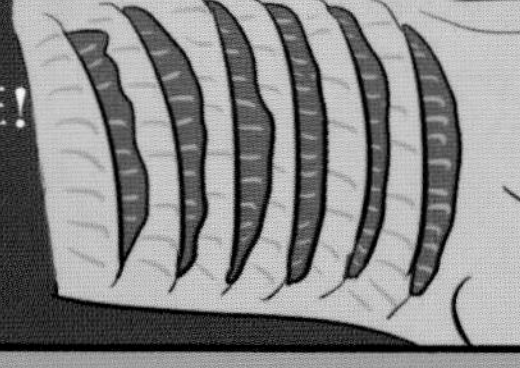

日本，皱鳃鲨的天堂

生活在深海里的皱鳃鲨基本上都是很珍稀的鱼类，
很难在它活着的状态下进行观察，所以研究也没什么进展……

但令人意外的是，
它经常会出现在日本的海域！
什么？
在日本？！
说的就是你。
特别是在相模湾和骏河湾，
很久以前它就混在其他鱼里进行捕猎。

沼津港深海鱼水族馆、粟岛海洋公园等水族馆偶尔会展示捕获来的皱鳃鲨，成为了全世界观察活着的皱鳃鲨最珍贵的机会！

它的周边产品

什么？做成布娃娃？！

也不知道是

虽说如此，饲养皱鳃鲨非常困难。
被捕到的时候它就已经很虚弱了，
大多数没过几天就死了。
如果看到“展示中”的告示就立马飞奔去吧！

为了更好地了解

我们期待着今后
饲养技术的

顺便说一句，据说把皱鳃鲨做成刺身吃会很美味。

和真鲷差不多。

漂浮的洞穴 巨口鲨

20世纪鱼界最大的发现就是充满谜团的巨口鲨！

正如它的名字一样，它有着一张巨大的嘴。

全长5～7米
体重在1.2吨以上！
生活在水深20～1500米的地方。

嘉宾
巨口鲨同伴
皱鳃鲨君

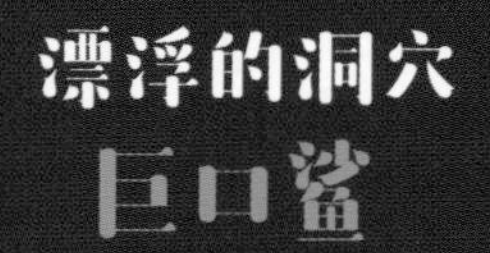
我算是同伴吗……

嘴里排列着很多细小的牙齿，6～7毫米长，它的牙齿化石非常珍贵。

近年来在日本也有发现哦。（300万～1000万年前的东西）

摇摇晃晃、柔软的巨大身躯，不紧不慢地游动。

尾鳍特别长

注意 容易弄错的生物

机械鼠 邪恶组织制造的机械改造杀人鼠，用激光束消灭入侵者。

奥米伽鼠 把战斗力提高至极限的实验用老鼠，活着的目的是报复把自己造出来的组织。

过滤食（过滤器、供给器）

巨口鲨"过滤"海水，是少有的吃浮游生物类的鲨鱼。

从鳃处排出海水
呜哇！
吞饮大量的海水，"过滤"磷虾、水母等来吃。

其他的滤食性鲨鱼只剩鲸鲨和姥鲨。

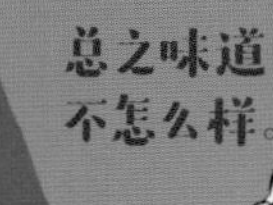
去喝吗？
去。

被发现的巨口鲨个体是极少的，所以它的生存状态几乎是个谜。

总之味道不怎么样。

味道很淡，不好吃。
你别吃啊。
小伙伴人家给的……

炸巨口鲨

巨口鲨引起的狂热

巨口鲨第一次被发现，是在1976年夏威夷的瓦胡岛海域（距离发现它才过了40多年）！

在那之后每年也能发现几次，但现在总共也只有60例而已……

加利福尼亚
巨口鲨两头

偶尔也会漂到海岸上……

它的稀有程度正好符合“虚幻的鲨鱼”这一称号。

但是在2017年5月，在日本居然接连发现了两头巨口鲨！

（5月22日千叶，26日三重）

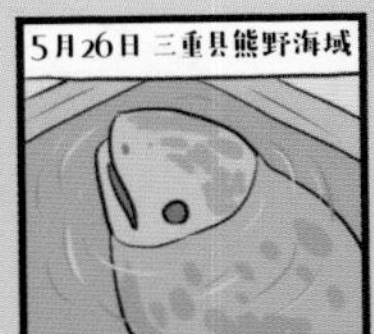

Kun先生

5月26日 三重县熊野海域

这么短的时间里发现两头是极其少见的情况。很大的可能性是由于水温的上升……

顺便说一下，4月上旬TOKIO（日本偶像组合）捕猎到了皱鳃鲨@东京湾

有说法称深海鱼的出现和地震有关，但是科学依据目前没有。

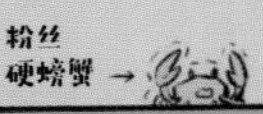

请不要吃我。
才不会吃呢！

遗憾的是千叶的那头在被发现不久后就死了。但是三重县的巨口鲨，我们提取了它的血液（珍贵的研究材料！）后就把它放生回海里了。

今天在附近的海域里也可能游动着巨大且不可思议的生物……我们一起期待令人激动不已的下一个发现吧。

有了一次，
可能还会有第二次……

回到海里去了呀……
但是我没有能回去的家啊……
你还在啊。

摇曳的心
斑点月鱼
科学史上首次发现的温血鱼！
（具体介绍请看下一页）
身长最大约2米！
因为生活在水深
0～500米的深海里，
所以它的生存状态
充满谜团。
正面
噢
噢
噢
噢
干什么？
顺便说一下，
它和翻车鱼没有
任何关系哦。
倒不如说它是勒氏皇带鱼的近亲。
什么？
陌生人翻车鱼
说像也不像。
颜色
是挺像的。
开不了口的
皱鳃鲨君
深海幼儿园
妈妈！
斑点月鱼小朋友
干吗呀你？
1厘米
左右
勒氏皇带鱼小朋友
来玩吧。
你们要是
打架的话我就
吃掉你们哦。
皱鳃鲨
小朋友
巨口鲨老师
有传言说
在寿司店它被当作
金枪鱼的替代品……
寿司
你还记得至今为止
吃的寿司的数量吗？
实际上它们的
味道也很相似。
但是斑点月鱼本身也是很稀少的鱼类，
所以很难想象专门用它来作替代品。也不一定？

斑点月鱼颜色的超速档

一般的鱼类都是变温动物，
（和哺乳类、鸟类不同）
不能保持恒定的体温……
作为例外，金枪鱼和大白鲨
在躯体肌肉的周围有着能保持
恒定体温的“热交换系统”！
但是能保持恒温的只有肌肉及其周围，
鳃附近的心脏依然是冷冰冰的，
并不是全身恒温……

游起来，
游起来。
热
氧
热
从鳃获得
氧的同时
热量逃离到
水中……
COLD HEART
好冷啊。

所以无法一直待在寒冷的深海中

另一方面，斑点月鱼的“热交换系统”
（和鲨鱼、金枪鱼不同）存在于鳃的内侧！
所以心脏也能保持在恒温状态。

噢
噢
噢
噢
动起来，
我的心！
热到
燃烧！
噢
噢
噢
噢

这种结构（包括大脑等）
使得斑点月鱼可以向全身输送温暖的血液！

我们认为保持全身恒温的斑点月鱼
在冰冷的深海也能够高速游动。
（能够捕获到像乌贼那样动作敏捷的猎物！）

留下
我的印记，
血液的
斑点！
呜哇！

以前，鱼类无法逃脱“冰冷心脏”
“冰冷身体”这个铁律……
斑点月鱼是让这个常识发生骤变的过火存在，
今后，斑点月鱼是我们关注的重点！

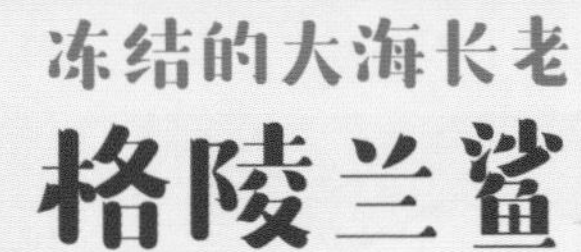

冻结的大海长老
格陵兰鲨

生活在北极海域的巨大鲨鱼！
众所周知，它是这个世界上
最长寿的脊椎动物！
平均寿命居然约200年！

英文名：Greenland Shark
身长一般是2.5～4.3米。

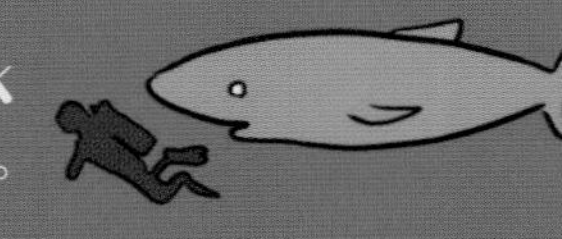

体积和大白鲨差不多大。

喊我了吗？

因为眼睛里寄生了寄生生物桡足类
而失去视力的鲨鱼也很多……

不断啃噬眼珠表面的桡足类。

咿呀

等等我。

它也被认为是
世界上游得最慢的鱼类
（时速1公里），

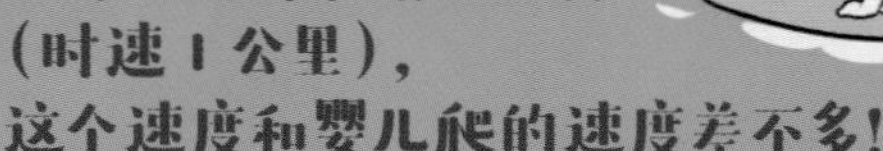

这个速度和婴儿爬的速度差不多！

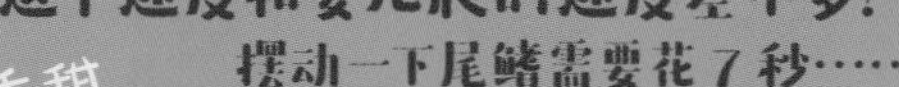

摆动一下尾鳍需要花7秒……

但令人困惑的是，曾在它的胃里
发现了行动敏捷的海豹。
大概是因为正巧遇上为躲避
北极熊而在水上睡觉的海豹吧……

虽然不会袭击人类，
但只要能吃的
东西都会吃！

在胃里发现的东西

北极熊

驯鹿

长靴

人骨

什么？

4 世纪格陵兰战士

格陵兰鲨寿命很长，
竟然发现了活了大约 400 年的个体！
它的寿命之长在脊椎动物中是绝对的第一名！
（在此之前的纪录是北极鲸的 211 岁）

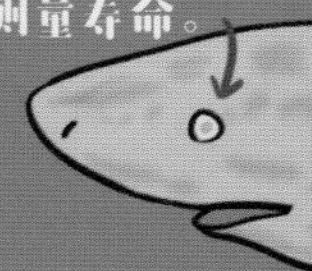
从眼睛的水晶体
来测量寿命。

好失落。
懊恼的
北极鲸

顺便说一下，在包括无脊椎动物
在内的所有生物中也是第二名！
第一名是 507 岁的冰岛贝→

不错啊！
帅小伙

400 岁的格陵兰鲨诞生的时候……

想象
我是
格陵兰鲨。
什么
都吃哦。

德川家康死亡（1616）

德国三十年战争爆发（1618）

清教徒前辈移民到了美国（1620）

呜哇！
第二次布拉格掷出窗外事件
美国
五月花号
英国
伟大！
害怕
好厉害！

不知道是不是因为适应了零下一度的北极海域水温，
格陵兰鲨的代谢非常慢。
一年才生长 1 厘米左右，
在无尽的时间里慢慢地成长。
（据说还有可能活到 500 岁）
在仿佛让人失去意识的漫长时光中，
格陵兰鲨孤独地生活在大海中……
它那浑浊的眼睛到底看到了些什么呢？

好冷啊。
400 年后
………
……

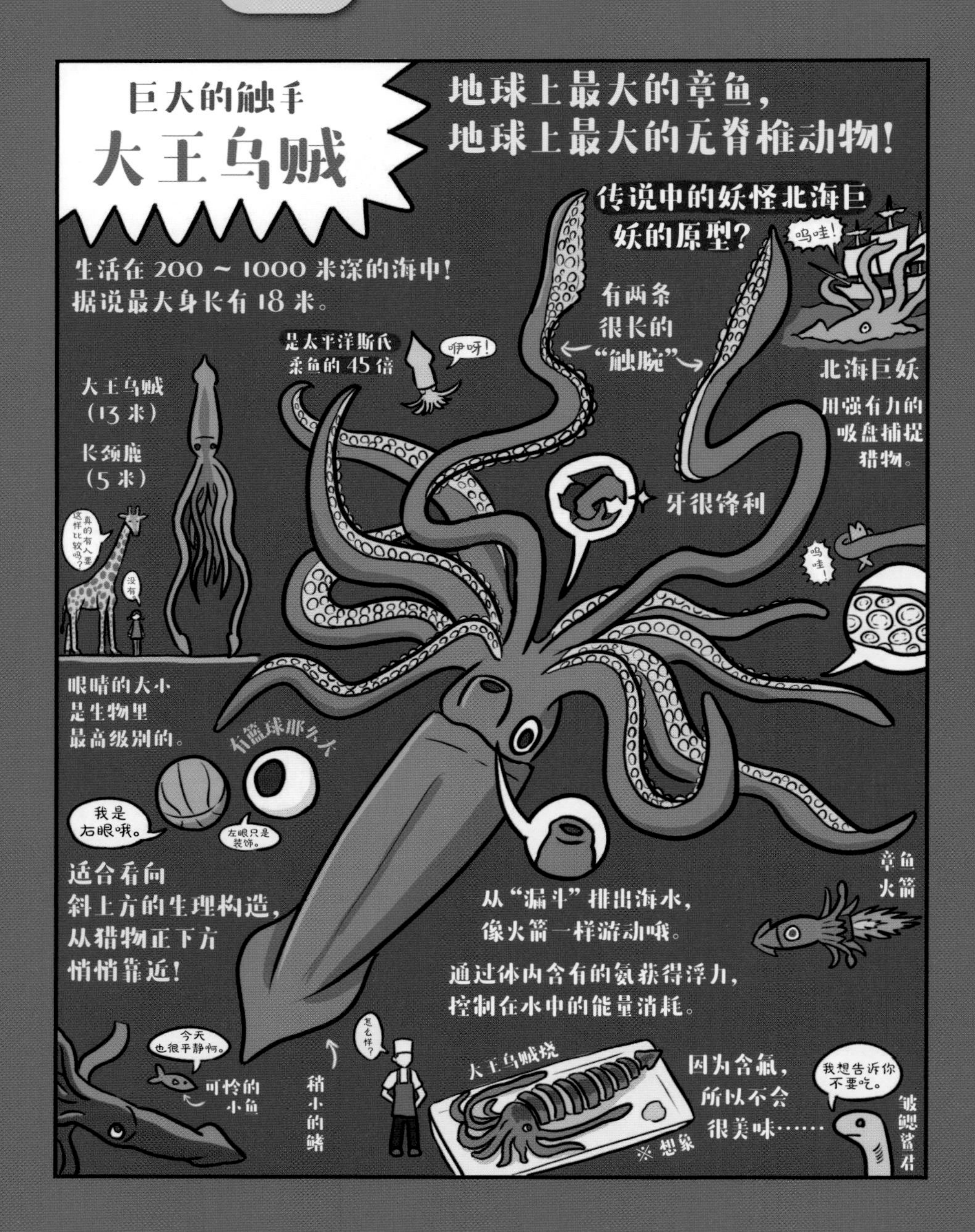
巨大的触手
大王乌贼
地球上最大的章鱼，
地球上最大的无脊椎动物！
传说中的妖怪北海巨妖的原型？
呜哇！
北海巨妖
生活在 200 ~ 1000 米深的海中！
据说最大身长有 18 米。
是太平洋斯氏柔鱼的 45 倍
咿呀！
有两条很长的“触腕”
用强有力的吸盘捕捉猎物。
大王乌贼（13 米）
长颈鹿（5 米）
真的有人要这样比较吗？
没有
牙很锋利
呜哇！
眼睛的大小是生物里最高级别的。
有篮球那么大
我是右眼哦。
左眼只是装饰。
适合看向斜上方的生理构造，从猎物正下方悄悄靠近！
从“漏斗”排出海水，像火箭一样游动哦。
章鱼火箭
通过体内含有的氨获得浮力，控制在水中的能量消耗。
今天也很平静啊。
可怜的小鱼
稍小的鳍
怎么样？
大王乌贼烧
※想象
因为含氨，所以不会很美味……
我想告诉你不要吃。
皱鳃鲨君

疯狂的抹香鲸对决愤怒的死亡大王

深海之王大王乌贼也有天敌，
那就是抹香鲸！
对于以章鱼类为主食的
抹香鲸来说，
大王乌贼是不可多得的美味！
这是一场巨大生物之间的激烈斗争。
我吗？
大王具足虫
错啦！
面对面战斗。

打赌很弱的皱鳃鲨君

实际上有很多证据表示它们曾经对决过。比如从抹香鲸的胃里发现了大王乌贼，或者是抹香鲸的脸上残有大王乌贼吸盘的痕迹。

触手从嘴巴的位置吊下来

干乌贼

毫无关系的醉汉

抹香鲸进攻了

有一种说法，抹香鲸向大王乌贼发射音波来使之麻痹后再捕捉。

你身上好像有什么东西？
有什么？

巨大抹香鲸和巨大乌贼的令人期待的传奇战争，距被相机捕捉下来这个决定性瞬间的日子应该不远了吧！

抹香鲸和大王乌贼的战争还没有被目击过，但是在抹香鲸身上安装高性能相机，从它的角度来窥视海底世界，这种积极的尝试正在全世界范围内展开。

这个话题先放一边，日本人已经将大王乌贼做成了巨大干乌贼哦。

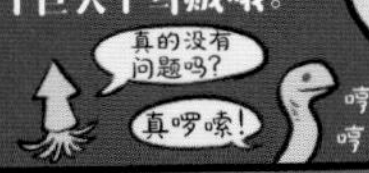

真的没有问题吗？
真啰嗦！
哼哼

百虫之王

大王具足虫

深海里充满谜团的巨大虫类！
曾发现过单只大小超过75厘米，
世界上最大的等脚类。

日本汉字写作大王具足虫，
“具足”是铠甲、甲胄的意思。

等脚类的成员们

潮虫　鼠妇　海蟑螂　王虫

像外星人一样的眼睛里
聚集了4000个
更小的眼睛。
它是复眼！

如果受到外部攻击
会蜷成一团。

咕咕……

用眼睛深处
的反射板
有效利用
深海里微弱的
光线！
很暗的话
眼睛会
发光哦。

猫眼也会
发光哦。

鲨鱼也会……

皱鳃鲨君　构造很相似

因为它会吃海底死掉的鱼，
所以也是广为人知的“大海的清洁工”。

游—　新发售　游—

大王具足伦巴

琼露莉

猫也想吃鱼。

别吃。

都馊了

遇到危机时会吐出
带有恶臭的液体……

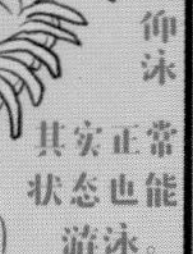

基本上是
保持一动不动的，
但是发生紧急情况时
会使用下半身
像鳍一样的
叫作“游泳肢”的
部位进行仰泳。

灵活的仰泳

其实正常
状态也能
游泳。

2月14日是什么日子？大王具足虫的日子

位于三重县鸟羽水族馆的大王具足虫
（名字叫作“No.1”）居然

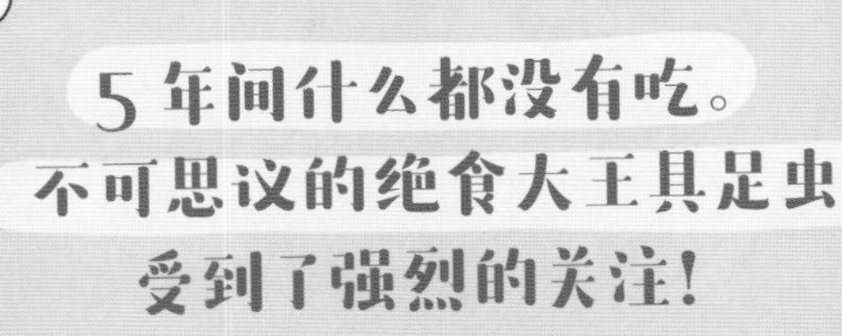

5年间什么都没有吃。
不可思议的绝食大王具足虫
受到了强烈的关注！

……

喂它鱼
也不吃

但是在2014年2月14日，“No.1”
突然死掉，变成了再也回不来的大王具足虫……

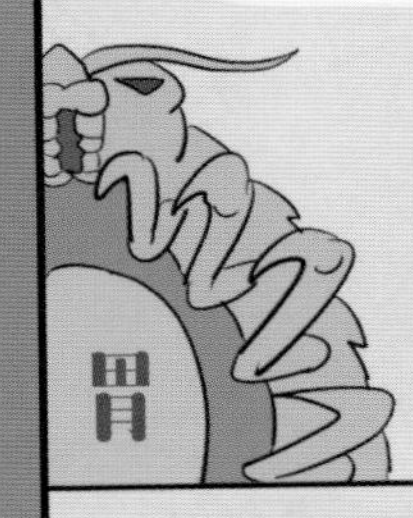

自不必说，大家都认为它是“饿死的”……
但是，它的体重和入馆时一模一样，
而且饲养员打开了它的胃，
发现里面填满了谜之液体。

在液体中发现了像酵母一样的菌类！
据说这种菌可能和“绝食长寿”
这种超级体质有着很深的关系……
万一通过它的力量解决了人类的诸多问题
（粮食和寿命等），
那么2月14日就一定会变成
神圣的大王具足虫日吧。

COLUMN2 还想介绍它们！水中的生物

海马

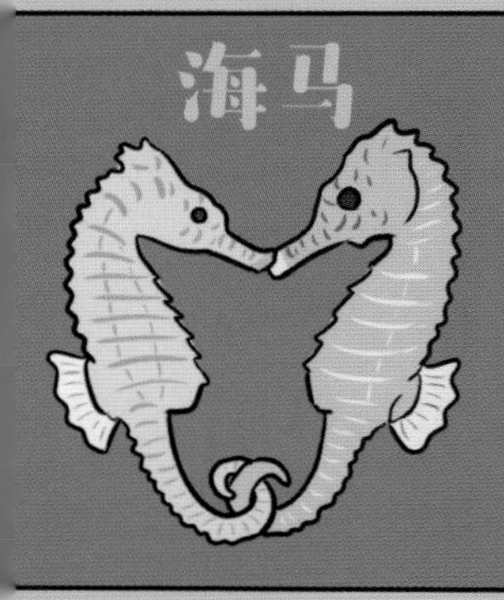

虽然它的独特外貌很容易让人联想到马，
但它是“海龙”这种鱼的同类。
雄性海马会“怀孕”生孩子，
有着自然界极其少见的习性！
在雄性海马的肚子上有叫作“育儿囊”的袋子，
雌性海马把卵下到这个袋子里，
雄性海马带着受精卵，培育之后放出海马宝宝。
这种光景有些梦幻啊……
据说有的种类最多可以产两千只海马宝宝！

鲸鲨

世界上最大的鲨鱼，世界上最大的鱼类！
它虽然身体巨大、体长超过 12 米，
但动作与性格都很温和。
通过吸入大量的水来
“过滤”浮游生物等吃哦。
它是喜爱鲨鱼的人很憧憬的鱼类。
但它很少会出现在人的面前，
它的生态也依然谜团重重……

管水母

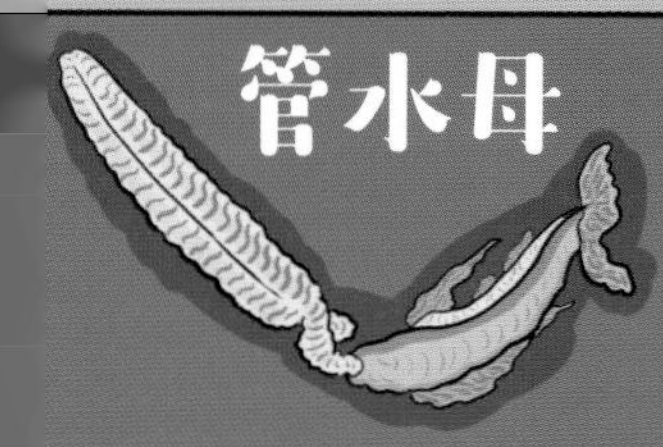

有时能达到 3 米之长……
但是，准确来说不是所谓的“水母”，
而是极小的个体（水螅纲）生物
聚集在一起生存的“群体生物”！
它的形态多种多样，超出想象。
每一个个体都有捕食、游动、生殖、防御等
专门的职责，且还会相互合作哦。
散乱的个体作为一个生物而生存，
这种不可思议的生命形态也是存在的。

第 3 章
身边的生物

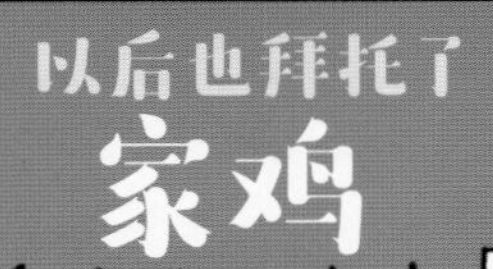

人类从中受益最多的鸟类排行榜毫无悬念的第1位！

（2014年调查）

据说日本有3亿只，全世界有214亿只。世界上最主要的鸟类，那就是家鸡！

肉既便宜又美味，还营养丰富，宗教禁忌也很少，压倒性的高性能！超过猪肉，鸡肉被认为在不久的将来会变成世界上第一大主要肉类。人类和鸡之间有着长达8000年的交往历史哦。

日语叫声：kokekoko！
英语叫声：ku ku dodorudo！
法语叫声：kokoliko！
日本江户时期叫声：toutenkou!

因为有在早上固定时间大声鸣叫的习性，所以在以前的日本作为一种“时钟”得到普及（大概是弥生时代）。

5点了！

鸡的祖先是一种叫作红原鸡的野鸟！有着很强的地盘意识。

杀了你！

锋利爪子的袭击非常危险！很早以前的人类为什么要饲养这种难以驯服又残暴的鸟呢？现在仍是未解之谜。但总之一切都是从这里开始的！也许

白色来航鸡1年间会下近300颗蛋！全日本1年有250万吨！鸡蛋（超过鸡肉）以各种各样的形式进入到人类饮食生活的方方面面，是这个世界上最重要的食物之一。

一般来说现代人就没有没吃过鸡蛋的，这样说一点也不夸张。

猪

什么？鸡的祖先是残暴的呀……真可怕。

野猪

你还好意思说。

著名的科罗拉多州无头鸡

1945年，科罗拉多州的某户农家想要做烤全鸡，就把鸡的头给切了下来。但是没想到那只鸡在被切掉头之后，还摇摇晃晃地继续前进！

怎么回事儿？

而且到了第二天，那只鸡居然还活着！无头鸡被起名为麦克并一夜成名。麦克被主人悉心地照料着，被往脖子里直接喂水和饲料（还一边被当作笑料），直到有一天喉咙被堵住而噎死。这只无头鸡实际上持续生存了1年半……

FE

无头鸡
麦克

麦克"没有头"还能继续活下去的原因，是因为包含大脑的头后半部分实际上残留下来了，不是吗？也可以这么认为吧。不管怎么说它确实有着很强的生命力。

头

脑

为了向它顽强的求生意志表达敬意，当地的小镇建造了一座麦克像，而且每年都会举办"无头鸡节"哦！

科罗拉多州夫鲁塔市
无头鸡
麦克像
（帅气）
新年快乐
2017
就没有什么可喜可贺的故事吗
好重口味！

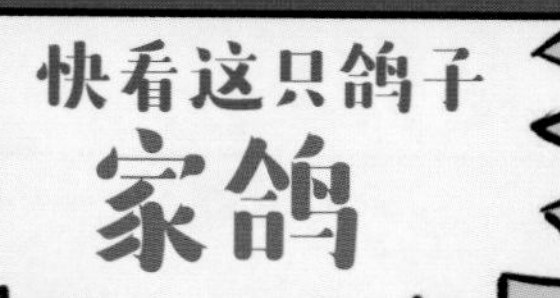

主要聚集在都市的鸽子，
虽然全世界有2.6亿只，
但每年都会死掉总数的35%！

生 死
呜哇！

要在都市里生存下去也不是件容易的事……
（主要的死因是饿死、冻死，被猫或鹰类等吃掉。）

它的智慧是意料之外地高哦！
可以从1公里外分辨出谁是经常喂食的人。

经常喂食的家伙。
有吃的！
吃的要来了。

鸽子即使身在远方也有能力“回到”自己出生的土地哦！

有人认为鸽子归巢利用了太阳和地磁场，也有人认为是依靠气味。
众说纷纭，但其原理还是一个谜……

走路方式、服装、长相等，它们会细致地观察并记录人类的特征哦。

窥视鸽子的同时，
鸽子也在窥视我们这里哦。
——尼采

我才没说过！

尼采

鸽子用“鸽子奶”这种富含营养的液体养育孩子哦。
雄性和雌性都可以产奶哦！

从喉咙出来

鸽子归巢本能的利用实例

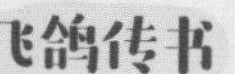

把信交给鸽子的通信手段！
鸽子是在战争中拯救了大量生命的英雄！

鸽子竞翔

鸽子互相竞争在最短的时间内返回鸽舍，是正式的比赛！

※鸽子的家

皇帝企鹅
我们也是。
经过7天变成这样

顺便说一下，鸽子宝宝是动物中成长最快的一类！

惊人的鸽子奶

提问环节！让我们来问问尼采老师

Q

为什么鸽子要摇着头走路呢？

A

尼采老师
不知道。

不知道！

鸽子一边前后摇头一边前进的独特走路方法，被认为是“为了获得景深信息”！

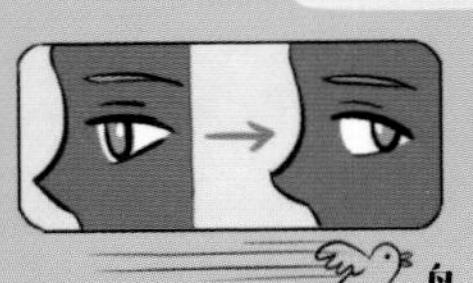

鸟

人类在看移动的物体或者景色时会无意识地转动眼球。

（数码相机为了防止“抖动”会自动对焦。）

另一方面，鸽子不能像人那样转动眼球，所以不是通过转动眼球而是通过缓慢地转动头部来改变视线。

猫头鹰用转脸代替转动眼球也是类似的原因。

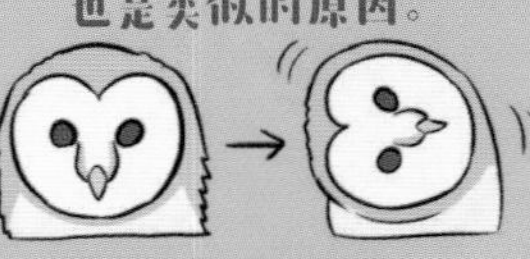

这么说，鸽子的步行实际上是很厉害的。

所以尼采老师也这么说——

> 通过鸽子的步伐而得到的思想才会左右这个世界。
>
> ——尼采

我没说过。
不，我说过。嗯，说过。

选自《查拉图斯特拉如是说》第2部第22节《最寂静的时刻》

我不识字。

左腿
右腿
伸长脖子
踢出左腿
缩脖子
踢出右腿
这样重复着向前进……

美味且神秘
火鸡
作为在圣诞节和感恩节等节日里烤来吃的鸟，非常有名！
“捉回九死一生的火鸡”这种低趣味的歌谣也很有人气！
太过分了。
鸡
英文名 turkey
是因为跟经由土耳其（Turkey）传来的珍珠鸡搞混而得到这个名字的吗？
因为把火鸡带到英国的是土耳其人，好像也有这种说法。
在美国感恩节当天有一个不可思议的习俗，那就是总统会赐予火鸡“恩赦”。
从头到脖子都是裸着的，会根据心情变换颜色！这是“七面鸟”名字的由来。
赐予原谅。
原谅我什么啊？
繁殖期会像孔雀一样张开翅膀
很多人选择在圣诞节吃火鸡，
因为火鸡有个不可思议的特性，非常适合圣诞节这个“神秘之夜”！
火鸡们会在死掉的猫身旁围成一圈来回转来转去，这也是一个未解之谜……
这个性质究竟是什么呢？
完全没头绪。
不明所以鸡

竟然……已确认在火鸡中
有“雌性单独生产出受精的卵”产卵的例子！

无可奈何。

像火鸡一样进行有性生殖的雌性生物的卵
不经过受精也能发育成正常的新个体，
叫作“单性生殖”。
这种不可思议的神秘现象
让人不由得联想到神圣之夜的
“处女怀胎”……

可以不要把我们放在一起比较吗？

ジーザス

一般来说，卵细胞通过受精逐渐发育成胚胎，但是不经过受精便能诞生新个体这种事情虽然出乎意料却也存在。

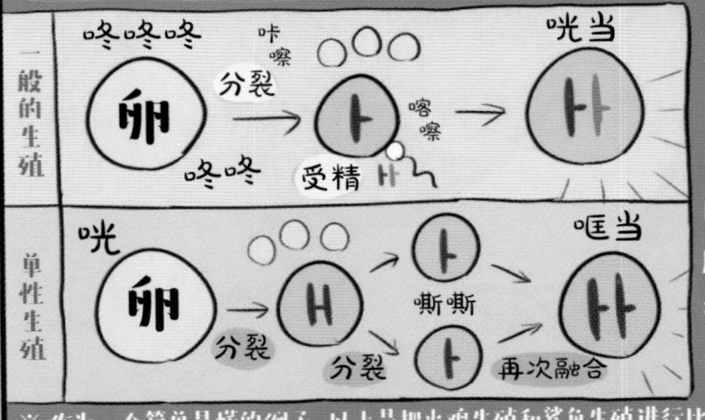
一般的生殖
咚咚咚
咔嚓
分裂
卵
喀嚓
咣当
咚咚
受精
单性生殖
咣
卵
分裂
嘶嘶
分裂
再次融合
哐当

鸟类（火鸡）、
虫类（蜜蜂）、
鱼类（鲫鱼、鲨鱼）、
两栖类（蝾螈）、
爬行类（科莫多巨蜥）等
很多生物进行
的都是单性生殖。

好厉害！

※ 作为一个简单易懂的例子，以上是把火鸡生殖和鲨鱼生殖进行比较的图解。

虽然普遍认为哺乳类是不可能进行单性生殖的，
但是近些年老鼠的（人为）单性生殖成功了！
也许有一天人类的单性生殖也将不再是幻想。
火鸡也是让我们预感未来的神秘生物，
在今年的神圣之夜，
让我们一边想着火鸡一边品尝圣诞鸡肉吧！

2004年在东京诞生的单性生殖老鼠“kaguya”。

指的不是我们家鸡吗？

活泼的演讲家
山雀
在商业街也能看到的
非常熟悉的小鸟，但也是
世界上非常珍稀的鸟类，
而且它还有着很厉害的能力！
(请参照下一页)
是什么呢？
不知道。
身长15厘米左右，
和麻雀的大小差不多。
从虫子到植物什么都吃！
(虽然体重只有15克左右)但1年能
吃12.5万只
虫子。
切！
居然跟我撞了。
生气的麻雀
呜哇！
好吃
白肚子上像领带
一样的黑线是其标志。
胖=雄
哟，美女！
你很烦哎！
瘦=雌
装傻
如果做了巢箱的话
就会落户下来。
真不错。
世界上非常珍贵的
“全身乌黑的山雀”
也曾在日本被发现过！
吓吓吓吓
雏鸟
真待不下去了。
真不错！
但偶尔会遭到蛇的袭击
黑
顺便说一下，是雌的。
那家伙是什么呀？
真好看
哼
哎
也会组织“混群”，
就是其他种类的小鸟也混在其中。
山雀
完全不一样啊！
五十雀
对吧？
很难分辨出这只是山雀鸟还是五十雀。
一茶
小林一茶
不仅生息地很近，
和人类的关系
从很早以前
就很亲密。
我在干什么？
把大家聚在一起也没别的事儿……
你自个儿瞎主持个什么呀？
我要走了啊。
长尾山雀
山雀
褐头山雀
白眉

秘密的山雀造句

近些年的研究竟然发现山雀有运用“语法”的能力！

通过组合像“单词”一样的叫声，

来写“文章”进行交流。

除了人类以外的动物也存在这种“语言能力”，

这个发现是划时代的！

即使像黑猩猩等灵长类都没被发现

有这种能力……

我
是
鸟

香蕉

通过组合“吱吱”“喳喳”这样的叫声(单词)，
山雀写出有意义的“文章”。

比如，如果组合起“注意”
和“集合”的话，
就变成“注意集合了”。
（对人工合成的声音也有反应）

吱吱
注意
什么?!

喳喳
集合
什么
什么?!

注意
集合了。
好嘞，
知道了。

机器人
山雀

喳喳
集合

吱吱
注意

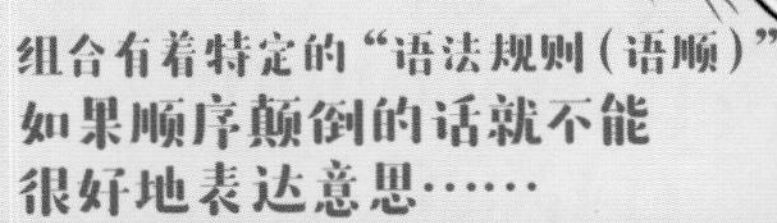

什么?
?

组合有着特定的“语法规则（语顺）”，
如果顺序颠倒的话就不能
很好地表达意思……

完全不同种类的人和山雀简直就像“趋同进化”（原本不同的物种为了适应相似的生态位而进化出了相似的性状或形态学特征）一样，在获得“语法”这件事上非常有兴趣。

如果读懂并解开了山雀“语言”的秘密，
那么对解开人类“运用语言能力”的
进化过程也会有所助益吧。

也许身边的生物还隐藏着很多
我们所不知道的秘密……

很难分辨出
哪一个是人类
哪个是猴子
山雀
香蕉
没有
季节用语呢

飞行的不可思议
蝙蝠

哺乳类中唯一能飞上天空的生物！
（飞鼠等充其量是"滑翔"。）

在天空支配者鸟类中插缝进化！
（比如不在白天而在夜间活动等。）

耍小聪明！

鸟

不是伸展羽毛，而是用"飞膜"飞行。

小知识
吸血的蝙蝠很少存在哦。

汉字写作"蝙蝠"，"虫字边"的话究竟是鸟类还是兽类呢？以前的人们也不是很清楚！也许

特殊技巧

echo-location
（回声定位）

根据超声波的回音探知猎物和障碍物！
"用声音看世界"的力量

关于蝙蝠的进化过程，现在也是谜团重重……

不可思议的动物也是有的呢。
你还好意思说。
鸭嘴兽

参考 能够回声定位的生物

然后它们飞上天空

蝙蝠是怎么获得“飞行能力”的呢？

鸟类掉落

鸟

呜哇！

蝙蝠走起！

就是现在！

随着中生代的结束，翼龙灭绝，
在鸟类也渐渐失去势力的时代，
蝙蝠向天空进军。
虽说如此，
但蝙蝠获得翅膀的道路依然充满谜团……

蝙蝠的翅膀构造和
一般鸟类完全不同。

通过发现并分析最早的蝙蝠“食指伊神蝠”的化石，
我们得到了解开蝙蝠进化之谜的巨大提示！

想象

想飞！

根据化石我们可以推断出

- 蝙蝠的祖先是栖息在树上的哺乳类。
- 最初是一边重复滑翔和拍打翅膀一边飞行。
- 先有飞行能力，后有回声定位能力。因为食指伊神蝠的骨骼构造中还没有回声定位。

啪 啪 呼 啪 啪

5根手指都有指甲

像介于蝙蝠和树懒之间的稍短些的前肢

我才不在乎呢。

哼

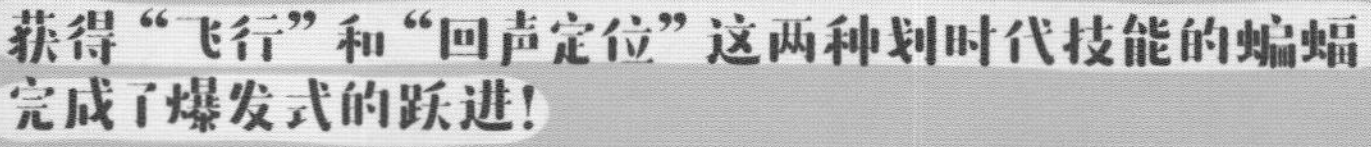

获得“飞行”和“回声定位”这两种划时代技能的蝙蝠
完成了爆发式的跃进！
再加上同时期昆虫的增加，
竞争对手稀少时代的夜空对蝙蝠来说
应该是任意挑选的自助餐状态吧。

蝙蝠（从种类数量上来说）实际上占了哺乳类全体的1/5，种类五花八门。
完成了在地球上的大繁荣！

别得意忘形啊。

鸟

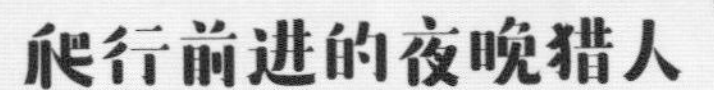

爬行前进的夜晚猎人 壁虎

生活在一般人家附近，
离人类最近的爬虫类！

注意 和蝾螈是完全不同的生物！
蝾螈是和青蛙等
一样的两栖类哦。

学名 Japanese gecko
汉字写作 家守、守宫
（与人类关系之近不言而喻）

壁虎尾

遇到危险的时候
会断掉的尾巴！
过段时间还会再长出来。

壁虎肌

根据周围环境的变化能
自由地改变身体的颜色哦。

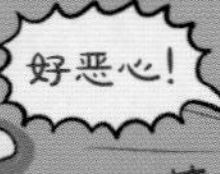

壁虎眼

在夜晚
也能没有任何问题地
用极佳的视力追赶猎物。

壁虎脚

有五根脚趾的
脚掌能力强大。

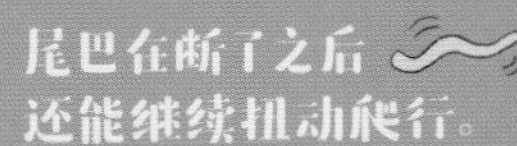

尾巴在断了之后
还能继续扭动爬行。

三格漫画“飞蛾与壁虎”

会吃掉靠近普通人家亮光的虫子！

如果发现还不能很好地捕捉猎物的
小壁虎，悄悄地为它加油打气吧。

壁虎之非常厉害的脚底

Q 壁虎的脚底既没有吸盘也没有黏液，
为什么它能在墙壁和天花板上爬行呢？

A 因为它使用了"分子间力"，
这是产生在原子间的电气力量！

哇哦！

指、趾

钩状刚毛
Seta

铲状分支毛
spatula

形状像小刮铲的极小的分支毛

通过钩状刚毛和抓住墙壁与天花板上的微小突起，

墙壁

铲状分支毛

壁虎能够飞檐走壁哟！虽然单独一根铲状分支毛的吸附力很弱，但是它的总数约有20亿！
支撑壁虎的体重完全没有问题
（即使只用一根脚趾也能倒挂天花板）。

但不管怎么说，吸附力还是不够强，所以只要稍微挪动脚趾、手指就能简单地"解除"吸附，这有利于快速移动。

为了在医疗、工业、环境卫生等各种各样的领域应用壁虎脚的吸附力，相关研究在不断推进中！

（这种技术被叫作仿生，比如日东电工的"壁虎胶带"等）

能够在玻璃墙上爬行的壁虎手套也在开发中哦！据说已经能够爬行7米左右了。

壁虎
真是厉害喵。
扭
扭
都说了
是壁虎啊。
扔掉啊
那个

不洗东西也不是熊
浣熊

主要生活在北美的哺乳类！
虽然和狸长得很像，
但它们是完全不同种类的动物。
（当然也不是熊）

不知道为什么经常被角色化

浣熊（浣熊科）　狸（犬科）
英文名 raccoon　raccoondog

噢耶！

把前掌浸在水里的独特行为是“浣熊”名字的由来。
但实际上它并不是在洗猎物！
野生的浣熊有在水中用手掌寻找食物的习性。

呜哇！

小虾

这个习性就很容易被看成“在洗猎物”，也是被误解的原因。

使用柔软灵活的腿、脖子、锋利的爪子能自由地在树上爬上爬下哦！

浣熊在哺乳类中有着数一数二的敏锐“触感”！
可以说浣熊是用超级敏感的自豪之手（前肢）“看”世界。

有数量是一般哺乳类五倍的触觉细胞。

完全
不一样哦。
严格的花椰菜

日本从1970年代开始受到了《浣熊小子》的一些影响，浣熊的饲养数量激增，甚至出现了放生的现象！

动漫就是动漫啊。

不洗的浣熊

这个对生态系统有威胁的外来种族浣熊，如今仍是一个重大的问题。

（在北海道每年大约有1万只浣熊被捕获。）

2015年度

难过。
伤心浣熊

狂野和顽强

在美国和加拿大的大都市里，
顽强活用天性的灵巧浣熊
完成了种族大繁荣。
历经原野上的小心翼翼，
穿梭于黑暗中的浣熊简直就是城市猎人啊。

把自身交付给鲁莽冒险的浣熊

主要的食物是家庭和路边垃圾桶里的剩饭！
人类为了垃圾不被乱翻也想出了对策，比如垃圾桶上锁等，
但有的浣熊在经过反复尝试后，竟然打开了盖子！

NO RACCOON
吧唧
吧唧
贪吃浣熊
好吃！
即使一个人也能打开，
抱着爱的拼图
（上锁的垃圾箱）的浣熊。

也有人已经放弃思考对策，
把浣熊招呼到家里来
给它们喂食。

好吃吗？
好吃。
想要赖在这份温柔里的浣熊

人类越是对浣熊采取对策，浣熊就越能发挥它的学习能力，
变得越来越聪明！
这种既狂野又顽强的行为
是不断反复的结果。
终有一天人类也许将被
浣熊所取代。
似乎听到过这样的传言……

浣熊来袭啦！
未来浣熊

COLUMN3 还想介绍它们！身边的生物

外表是多么可爱朴实，
对主人是多么忠诚，
这种犬类特别是在日本有着超高的人气。
实际上它与人类交往的历史很长很长，
可以追溯到绳文时代。
虽然柴犬是令人充满安心感的伴侣，
但一个很具有冲击力的事实是
它是和狼在DNA上最相似的犬类！
依然是让人充满兴趣的柴犬啊……

被认为拥有非常优秀的大脑，
“嘎嘎”鸣叫的黑色鸟类！
先不论它的聪慧（因为聪明？），
它很容易被人类排挤。
但是人类建造的理想空间“都市”
完美地满足了生存力顽强的乌鸦的欲望，
也是让乌鸦可以繁荣至此的原因之一。
要和欲求不满的乌鸦相处，
一般方法是行不通的，
所以，今后应该摸索新的相处方式。

从很久以前就生活在日本人周围的哺乳类！
在民间故事和童谣中反复登场，
从这点也可以看出它给日本文化带来了深刻的影响。
虽然在日本，狸是人们非常熟悉的动物，
但它只生存在东亚的一部分地区，
实际上是世界上非常珍稀的动物。
它的稀有度在国外的动物园
可以和世界三大稀有兽类之一的“矮河马”
相媲美！

超级稀有

第 4 章

可怕的（？）生物

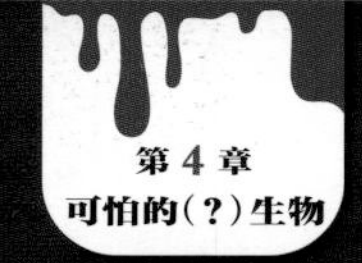

向夜空嗥叫 狼

作为世界上最大的犬科，
是所有“犬”的祖先大人。

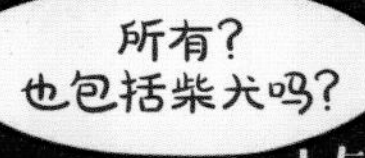

A.是的

柴犬是在DNA上与狼最相似的犬类。

一般来说“狼”指的是大陆狼（灰色狼），有很多亚种哦（比如灭绝的日本狼等）。
有着锋利的狼牙和爪子，兼具超群的体力与精力的纯粹猎人。

狼其实并不孤傲独居，它们是用声音、动作和远吠不断进行交流的高社会性动物！

远吠是宣告领地和寻找同伴的行为

6～8匹狼会组成狼群，一起去狩猎！

人类和狼的关系史既漫长又复杂。从文化史角度来看，人类在各种各样的神话、传说和故事中都提到了狼。

狼群由优势对偶领导，它们有严格的排位系统哦。如果被狼群排除的话就会变成“一匹狼”。

从邪恶的存在到令人敬畏的对象等方方面面

童话中的恶人

罗马开国者的养父母

狼人

山神兽
（出自《幽灵公主》）

提问环节！让我们来问一问狼先生

Q

狼先生为什么变成柴犬了呢？

A

闭嘴，柴犬！

狼有时会袭击家畜，
从很久以前开始就是和人类对立的动物。
这样的狼为什么会跳跃式地进化成
人类最亲近的伴侣犬的呢？

有一种假设，在大约3万年前的东亚，人类第一次成功驯养了狼。但是像狼这种脾气暴躁、肉也不好吃、而且会消耗掉大量饲料的性价比很低的动物，

为什么以前的人们想要去驯养它呢？未解之谜！即使如此，随着时代的变迁，狼逐渐变成顺从于人类的犬，然后犬（以前是狼）成为了人类重要的伴侣。

才不是这样呢！

日后的鸡（凶暴）

日后的猪（凶暴）

虽然现在也不能说野生狼和人类有着友好的关系，但是也有例子表明，狼群能很愉快地接受陪伴它们长大的人。

果然人类和狼之间
也许存在着特别的联系啊！

也就是说，像猪一样咯？
闭嘴，小猪！
转眼就生气。

北方的巨兽
棕熊
熊科里最大的熊!
日本最大的陆生动物。
北极熊也很大哦。
从分类上说有"虾夷棕熊"的亚种。
在日本,它们只生活在北海道!
本州的全部都是黑熊哦。
啪唧
黑熊打招呼
快听
虽然其身体巨大有数百公斤,
但跑起来时速能达到每小时60公里。
巨大的前掌!
只要它们动真格的话,基本上所有的动物都会被一击致命。
它的力量是哺乳类里最强的。
人类想从它身边逃走是不可能的。
虽然棕熊拥有这种破坏性的力量,但是,它不太会去狩猎。
特别是北海道的棕熊,据说近些年在向食草系进化哦。
……等是它们的食物
秋田蜂斗菜
树的果实(山桑子等)
虾夷鹿(尸体)
什么?
出乎意料的是它们好像不怎么吃鲑鱼。
吃饱后,从晚秋到初春的4个月内不吃不喝进行"避冬"。
雪
好闲
因为不是一直都在睡,所以和"冬眠"有些不同。
脉搏、呼吸大为减弱,体温也下降4℃~5℃度哦。

可爱，还是怪物？

像熊这种给人两个极端印象的动物似乎独一无二，
这样说一点儿也不过分。
它一方面是“可爱的吉祥物动物”的代表，
另一方面（特别是棕熊）仍然
给人强烈的食人动物的印象！

不吃人的哦。
可爱小熊仔

骗人的吧？
咀嚼
呜哇！
咀嚼
dikapurio

在现实中发生恐怖事件（三毛村棕熊
袭击事件等）也是没有办法的事情。

但棕熊绝不是嗜血的杀人怪物，
恰恰相反，其中大多数性格沉稳谨慎。

在日本，人类被棕熊袭击而死的事件
一年也不见得会发生1起，非常稀少。

（参考：被蜜蜂蜇死的死亡者23人　2015年
被河水淹死的死亡者235人　数据）

熊眼中的人类
（想象图）
呃呃呃呃

棕熊可能也不怎么想和像人类这样来历不明的、
两条腿走路的恶心生物打交道吧。

恶心！

既恐怖又神秘的棕熊，
为了与这种不可思议的动物共存，
我们首先要小心别遇上它，
其次准备好击退它的喷雾。

万一不小心碰上了，
不要惊慌且立即采取行动才是重要的。
最重要的是要有一个想要正确了解
棕熊这一生物的态度。

和棕熊先生的4大约定
①请尽可能结伴行动哦。
②摇铃铛或者拍手发出声音
让棕熊知道有人类在哦。
③绝对不要喂食哦（因为会成
为棕熊接近人类的动机）。
④③真的很重要！
呜哇！
呲

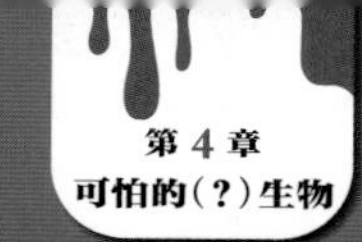

温柔的巨人
大猩猩
生活在非洲的森林里，
是地球上最大的灵长类（包括人类在内猴子的同伴）！
大，重，而且有力！
据说握力非常大，
苹果能一瞬间捏碎。
“KONG”不是它的英文名，
是电影《金刚》里
怪物的名字哦。
我很强的！
这种凶暴的
大猩猩印象
是错误的。
HOW TO EAT APPLE
吃苹果的方法
I love apple
我爱苹果
I have an apple
我有一个苹果
啊！
气死我了！
每次都这样。
没有人会爱我。
你说什么！
大猩猩嘭嘭地敲（敲打胸发出声音的行为）在很长一段时间里
被认为是“恐吓行为”，
但实际上是为了缓和矛盾
可能升级的状况而发出的
和平信号，还用于其他
各种各样的
交流。
我们冷静一下。
嘭
嘭
嘭
骗人的吧？
大猩猩外表粗犷，但
其实是非常敏感的动物哦。
特别是在饲养的情况下，
即使是一点点的压力
它们也会闹肚子，
还容易变得抑郁。
虽然这是高智商的证明……
吃根香蕉吧。

手的形状不是拳头，是布

不理解抑郁的大猩猩

狂野大猩猩的生活

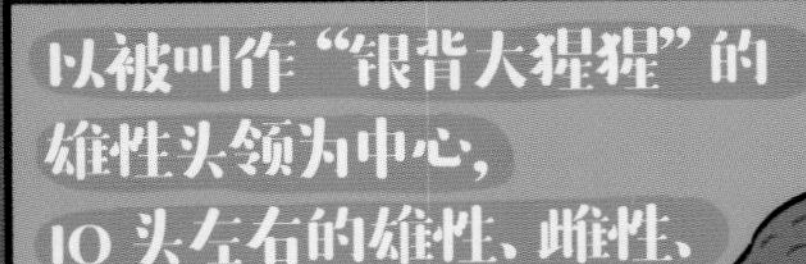

以被叫作“银背大猩猩”的雄性头领为中心，10 头左右的雄性、雌性、幼仔等在一起生活。

每天收集树枝和叶子用来做床（巢）（为了避开猛兽吗），幼仔和母猩猩睡在树上，成年的雄猩猩睡在地上哦。

每 1 天要吃 30 公斤食物的大猩猩的饮食生活是以植物为中心的！明明浑身肌肉却不吃肉，真的可以吗？也许有人会这么问。但它们通过肠内的细菌能够从植物纤维中合成氨基酸，而且通过食用虫子（蚂蚁等）就能充分摄取蛋白质哦。水果也是它的最爱！

听说并没有吃很多香蕉哦。
我是要吃的。

※ 在非洲野生的香蕉很少。

最大的天敌是让人出乎意料的豹子！

不仅是小猩猩，也有强壮的成年大猩猩被袭击过！

我有枪！
而且皆非的豹子。

虽说如此，但是与暗地里违法大量捕捉和猎杀大猩猩的危险动物“人类”相比，豹子什么的算不上很大的威胁……

为了拯救濒临灭绝的大猩猩，今后有必要采取各种各样的保护措施。

我有苹果。
啊！

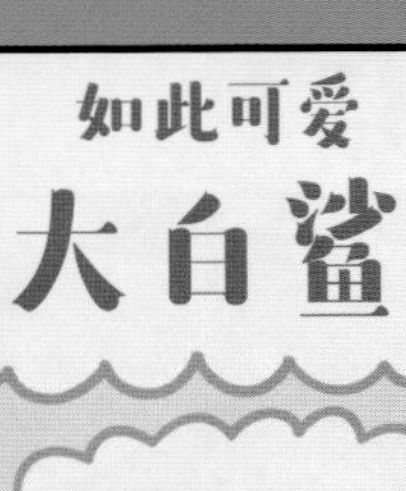

众所周知的世界上最强鲨鱼！
让我来向大家介绍它的可爱魅力。

哔哩哔哩鲨鱼雷达

用头部器官探寻猎物的心跳！
会追着猎物到天涯海角哦。

蠢蠢欲动鲨鱼鼻

可以闻出前方几百米猎物的气味，闻到血的气味会兴奋哦。

一吸一收鲨鱼鳍

保证能超快游动的鳍。

鲨鱼中很少见的月牙形尾巴特别可爱。

咔嚓咔嚓鲨鱼牙

有时会超过5厘米长，又大又可爱的牙齿排成排。

粗粗糙糙鲨鱼肌

用极细的鳞片减少水的阻力哦。

锯状的牙齿咔嚓咔嚓地咬碎猎物哦。老牙会不断地被长出的新牙所替代！

咕咚咕咚鲨鱼下巴

海龟壳也能咬碎！

真的吗?

咀嚼的力量是海洋生物中最厉害的！
竟然被推算有1.8吨（人类是50公斤）。

大白鲨不可怕！（也许）

虽然对于大白鲨的印象大多都是恐怖的，但大白鲨几乎没有喜好袭击人类的！因鲨鱼攻击的死亡人数在世界范围内一年也只有10人左右。

从杀人数来说比鲨鱼更为恐怖的动物们

※年度推测数据

象 100人

ELEPHANT

河马 500人

HIPPO

鳄鱼 1000人

CROCODILE

狗（狂犬病）50000人

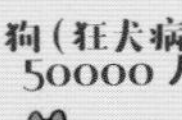
DOG

太可怕了。

大白鲨偶尔把漂浮在水面的冲浪者当成了猎物，所以袭击了他们……

鲨鱼的视力（和嗅觉相比）不怎么敏锐，所以根据场合的不同，有时会把人、海豹、龟等看成同一种生物。

是我的饭吗？

又像
又不像。

不知道是不是因为历史上的电影名作《大白鲨》情节过于恐怖，大白鲨成为滥捕的对象。据说其数量骤减……

对于拥有4亿年历史的鲨鱼，对这种美丽且充满谜团的生物，我们必须不断加深了解（除了害怕）！

JAWS

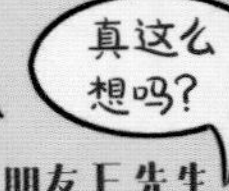
好的好的大家，
都是我不对。
真这么
想吗？
斯皮尔伯格
朋友E先生

大海帮主
海鳝
拥有细长的身体，是鳗鱼的同伴。
体长从10厘米到4米不等。
（一般情况下1米不到）
名字来源于“空穗”
（携带箭的
桶状容器）。
箭壶
猪笼草
我才
不吃虫！
晚上会去捕捉猎物
海鳝的种类有很多，
它的外表颜色丰富多彩。
斑马海鳝
老虎海鳝
蜘蛛海鳝
五彩鳗
肉食性动物，吃鱼和蟹。
章鱼是它最爱的食物。
呜哇！
但是掉以轻心
的话会被章鱼
逃走……
没想到
吧！
海鳝干是
地方特产。
哐
它牙齿锋利，
虽然长得丑，
但很受欢迎，
所以被称为
“大海帮主”。
与啤酒很配
不会
吃你的
哦！
咕噜 咕噜
海鳝教父
好孩子。
有时候也会用小虾
和小鱼来清扫
口腔内部。
请别吃我。
快点呀
小虾仔

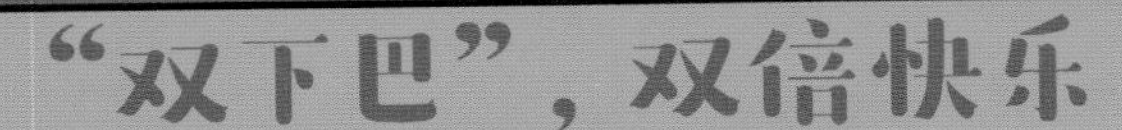

“双下巴”，双倍快乐

在海鳝的身体里面有像外星人生物
一样恐怖的秘密武器。

咽喉处的颌

呜哇！
你还想逃是吧？

嘴里的颌咬住比较
难捉的猎物之后……

用咽喉处的颌把猎物拉扯进来！

咽喉处的颌用超快的速度咬住猎物。
这是一个绝不会放走已抓到猎物的构造！

吓我一跳！
是吧！

如果不小心手指被咬到的话，
会被拉扯到它的喉咙深处，
有拽不出来的危险。
所以潜水员比较害怕它们……

呜哇！

虽然这么说，但海鳝并不是凶暴的生物！
让小虾清扫它的口腔内部的同时，
这个虽丑但受欢迎的“大海帮主”
今天也悄悄地躲在暗处，
等待着猎物的到来……

这才是真正的“双下巴”。
呵呵

交出来！

现实中的龙
科莫多巨蜥
生活在印度尼西亚的
科莫多岛等岛屿，
是世界上最大的蜥蜴！
全长能达到3米。
跑起来时速有
20公里
（马拉松选手的世界纪录）
呜哇！
也被称作“科莫多龙”！
作为“印度尼西亚的龙”，
直到20世纪初都被认为是
传说中的生物。
主要寻找尸体
上的肉来吃，
但也捕食
鹿和猪。
有时还捕食
水牛来吃！
极少情况下
会吃人。
紧密排列的
锯状牙齿！
用其锋利的
钩爪撕开猎物。
竟然是单性生殖
（雌性单独生孩子）。
这种行为已经得到了证实！
（2006年，在英国的动物园）
生下来的宝宝只有雄性。
哇啊！
哇啊！
科莫多巨蜥之间的打斗是非常
令人震撼的！
如此巨大的爬虫类属于单
性生殖的例子非常少见。
好厉害！
你不
也是？

火鸡也能单性生殖哦。

有毒之龙

科莫多巨蜥是世界上最大的有毒生物！

被科莫多巨蜥咬到的猎物很多都会衰弱而死。→ 口腔中的细菌会引发败血症，在很长时间内都是这么认为的。→ 但实际上不是这样的！

科莫多岛的小龙们

科莫多巨蜥咬猎物的时候会把防止血液凝固的毒素注入猎物的体内！被咬到的猎物会血流不止。

滴答
滴答
从下颚的5个毒腺中放出毒素。

即使猎物挣脱逃走了，但或早或晚也会（因失血过多等）丧失性命，科莫多巨蜥慢慢吃就行……

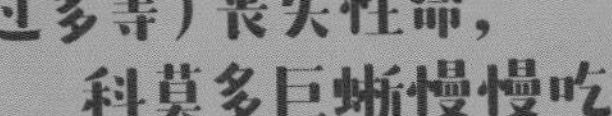

用强力毒液捕杀猎物的恐怖“毒龙”。
但是近些年从由它们的血液成分制作的物质中发现了强抗菌效果（可以有效治疗炎症感染等）！

既恐怖又给予恩赐的生物。
也许真的就是名副其实的龙呢？

不气馁，
不沮丧，
不吝啬。

立于沼泽的怪鸟
鲸头鹳
生活在非洲湿地，
有着巨大嘴巴的鸟！
英文名是“shoebill”(鞋子的嘴)。
学名 Balaeniceps rex
是“鲸头国王”的意思。
平身
鲸头鹳
SHOEBILL
虽然一直被认为
是鹳的同类，
但如果非要分类的话，
和鹈鹕的关系比较近。
是这样子吗？
鹈鹕
鲸头鹳翅膀
鲸头鹳喙
哐哐哐哐哐
用啄喙来求爱
虽然很少飞行，
但还是会飞的。
向饲养员鞠躬表达爱意
睡觉的时候它的
喙就代替了口罩。
ZZZ
古代埃及的
壁画中也有
鲸头鹳的身姿。
太大了吧？
晃来 晃去
雏鸟
在生下来
的前几个月，
因为嘴巴
太重而不能
很顺畅地
行走……
哎呀！
鲸头鹳足
脚很大且有长长的脚趾，
即使在沼泽地上也不会陷下去！

按兵不动

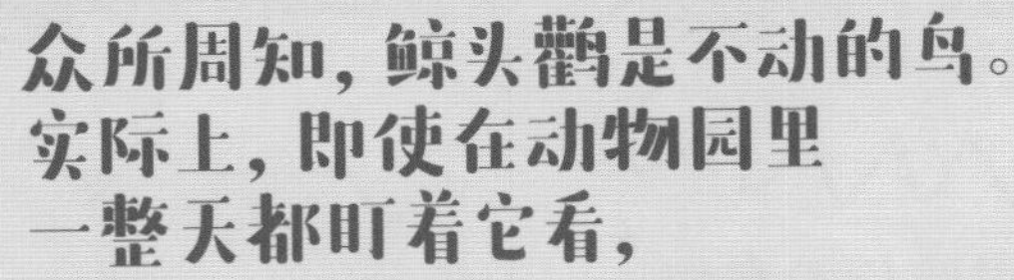

众所周知，鲸头鹳是不动的鸟。
实际上，即使在动物园里
一整天都盯着它看，

它也基本上是纹丝不动的。
但这绝不是在偷懒，
它的行为是有理由的，
据说是为了捕捉肺鱼。

肺鱼把摄取的氧存在肺里
（不是鳃里）。
空气。
所以每隔
一段时间
必须要换气。
这一
瞬间
鲸头鹳
不会
放过！
呜哇！
在肺鱼露出水
面的瞬间，鲸头鹳
第一时间捉住它！
在动物园里一动不动的鲸头鹳
说不定也在
“等待”着什么。
鳄鱼宝宝
也会吃
呜哇！
妈妈，
这只大鸟不动哎！
是的，比如正好能一口
吞下的猎物出现在
眼前的时候……

以“女王”为首群居
裸鼢鼠
在地下的黑暗中过着群居生活，
没有毛皮的不可思议的生物！
体长10厘米
左右
啊！
寿命竟然有30年！
是一般的老鼠的10倍呢。
1周能长5毫米
的长牙是非常
敏感的利器！
怎么样？
啾
啾
一般般。
用17种叫声
来进行交流。
嗯
用前爪清洁
重要的牙齿。
呀
食物是地下植物。
土豆
呜哇！
为了寻找珍贵的土豆，
在地下挖道前进！
虽然视力在不断退化，
基本上什么都看不到了，
但通过感受敏锐的牙齿
接触到的事物，
能够认识外界。
空气变稀薄的话会变成
假死状态！
据说在无氧状态下
能活18分钟……
AIR
裸鼢鼠简直就是“用牙齿
看世界”啊！
巢穴的长度能达到3公里！
因为势头很猛地把土踢开，
所以这个穴叫作
volcano（火山）。
火山
土豆
以“高速公路”这条长长的
道路为轴，
建造用于吃饭和睡觉等
各种各样用途的房间。
嗯嗯！
怎么样？
一般般。
洗手间
客厅
高速公路
逃生口
Z
Z
Z
在洗手间
共享作为群族
认证的气味。

“女王”的游戏

产子的“女王”和无法繁殖的个体进行群体生活，我们把这种（像蜜蜂和蚂蚁一样的）生物特性叫作“真社会性”，裸鼢鼠竟然是超级稀有的“真社会性哺乳类”！以“女王”为顶点的金字塔状等级制度为基础，由平均 80 只（最多 300 只）裸鼢鼠组成的群体建造了这种聚居地。

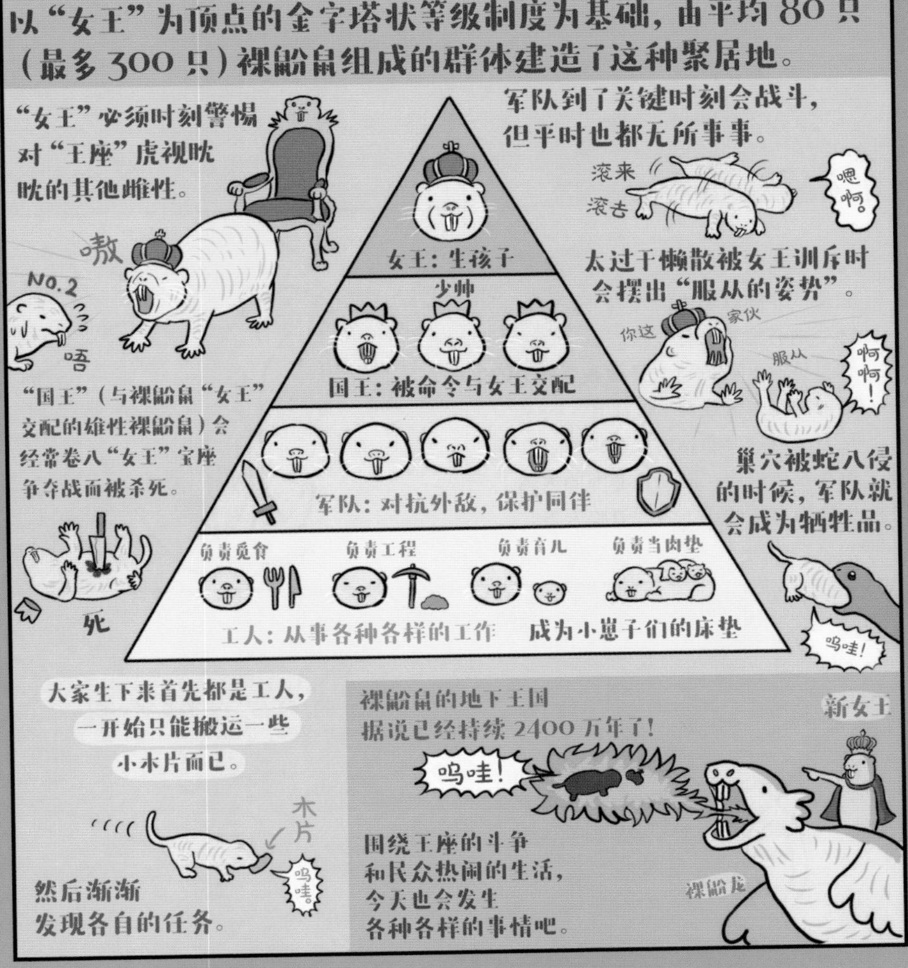

“女王”必须时刻警惕对“王座”虎视眈眈的其他雌性。
嗷
NO.2
唔
“国王”（与裸鼢鼠“女王”交配的雄性裸鼢鼠）会经常卷入“女王”宝座争夺战而被杀死。
死
女王：生孩子
少帅
国王：被命令与女王交配
军队：对抗外敌，保护同伴
负责觅食
负责工程
负责育儿
负责当肉垫
工人：从事各种各样的工作
成为小崽子们的床垫
军队到了关键时刻会战斗，但平时也都无所事事。
滚来
滚去
嗯啊。
太过于懒散被女王训斥时会摆出“服从的姿势”。
你这家伙
服从
啊啊！
巢穴被蛇入侵的时候，军队就会成为牺牲品。
呜哇！
大家生下来首先都是工人，一开始只能搬运一些小木片而已。
木片
呜哇。
然后渐渐发现各自的任务。
裸鼢鼠的地下王国据说已经持续 2400 万年了！
新女王
呜哇！
围绕王座的斗争和民众热闹的生活，今天也会发生各种各样的事情吧。
裸鼢龙

COLUMN 4 还想介绍它们！可怕的（?）生物

鹤鸵

漫步于热带大地的大型怪鸟！
被称为“世界上第一危险的鸟”。
能用锋利的爪子和粗壮强韧的腿进行踢爪攻击，
在鸟类中大小仅次于鸵鸟，
奔跑时速 10 公里。
被鹤鸵袭击的话，
可能会受致命伤。
但它那让我们联想到太古恐龙的头冠等
狂野样貌也具有独特的魅力。

河马

与慵懒的形象相反，
它是“非洲最恐怖的动物”，
这个别名绝对没有夸张。
有着将近 3 吨的巨大身躯和强有力的下颚，
据说跑起来时速有 30 公里，
是力量与速度兼具的最强猛兽。
很久很久以前，河马在非洲的大地上
曾作为真正的“王者”君临天下。

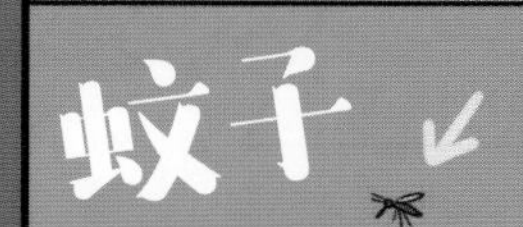

蚊子

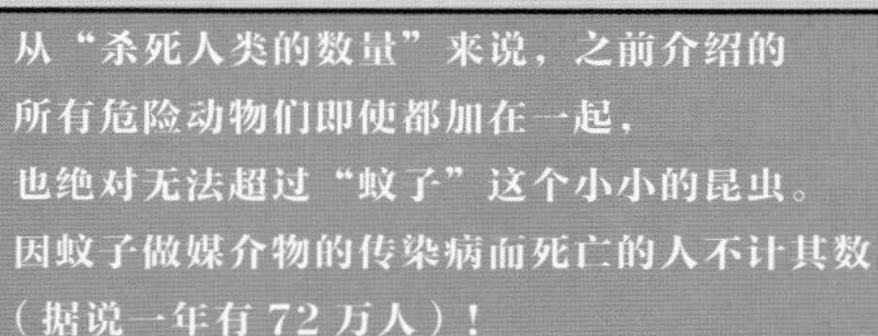

从“杀死人类的数量”来说，之前介绍的
所有危险动物们即使都加在一起，
也绝对无法超过“蚊子”这个小小的昆虫。
因蚊子做媒介物的传染病而死亡的人不计其数
（据说一年有 72 万人）！
它毋庸置疑是最恐怖的生物之一。
嗡——这种拍打翅膀的声音让人生气厌烦。但是也有一种说法表明，
人类把传播病原体的蚊子拍打翅膀的声音当作“危险信号”，
为了能察觉到这个信号，人类的耳朵得到了进化！
确实，人类和蚊子一起度过了很长的时间。

第 5 章

奇怪的虫子

黄色危险
黄胡蜂
城市里也有很多胡蜂！
身体很小但具有攻击性，
呜哇！
也被称为
昆虫界的
猎豹。
2只复眼和
3只单眼
从苍蝇、蝉、蜘蛛等虫子到
小动物的尸体、生活垃圾，
什么都吃，用其顽强的生命
力不断地向城市进发，
体壁之硬仅次于独角仙。
视力超群，
以最快速度
发现猎物！
大下颚是它
最强的武器！
可以把食物咔嗞
咔嗞地咬碎哦。
过奖
过奖！
毒针
4~7毫米
由产卵管进化而成的
锋利毒针。
咔嗞
呜哇！
咔嗞
锋利的钩爪
刺
啊！
简单美味！蜜蜂肉丸子的制作食谱。
啦啦
♪
呜哇！
啦啦
♪
锁定因正在运送
蜂蜜和花粉
而动作迟缓的蜜蜂。
切掉脚、翅膀、
肚子、头，
只留下胸部。
咬开胸部，
收集里面的肉
来做肉丸子。
完成

我们来看一看胡蜂巢

蜂巢最初是由女王蜂单独做的！
但能做巢的胡蜂100只里面也只有1只左右。

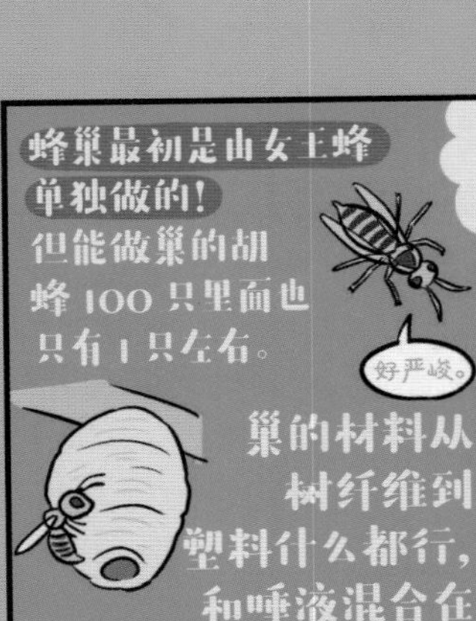

巢的材料从树纤维到塑料什么都行，和唾液混合在一起会越来越坚固哦。

保护巢穴的外壁反复重叠很多层，隔热性也是一流的！
（一直保持在32℃左右）

大量幼虫居住的胡蜂巢是营养满分的食材。

营养价值相当于1头小牛。

所以想要侵袭的外敌也很多……

小小的出入口

蜂女王搭好“育房”即幼虫的床，然后产卵。
1只配1间，是标准的六角形哦。

好真实

女王蜂的气味（激素）是“通行证”。

育房聚集成圆盘状，像公寓一样形成育儿的楼层（巢盘）。

幼虫经过1个月长成成年胡蜂（工蜂），蜂群中的个体数量有千只以上！

如果食物不够的话，幼虫会被作为应急口粮做成肉丸子！

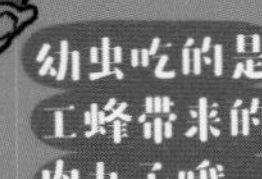

幼虫吃的是工蜂带来的肉丸子哦。

如果刺激幼虫喉咙的话，会排出营养满分的液体！
这就是成年胡蜂的食物哦。

可爱地跳来跳去 跳蛛

在哪儿都能见到的小蜘蛛！
一边轻快地跳来跳去，
一边灵活地抓虫子哟！

喵！

嗯？

也被叫作
“8条腿的猫”。
有时也会追着
鼠标光标跑哦。

英语写作 jumping spider！
有的种类的跳距超过自己身体
大小10倍多呢。

耶！
右。
条纹跳蛛
厉害呀！
蜻蜓

跳跃的时候
完全不使用
肌肉。

视力
是蜻蜓的
10倍

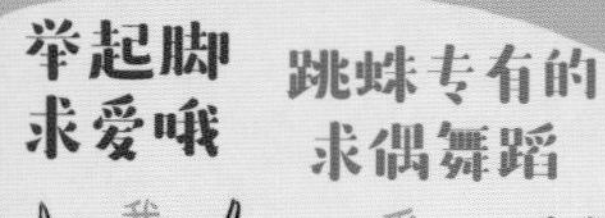
PIN

体液流入脚部的空洞。
蹬！伸展跳跃！
（像油压泵一样的构造）

蜘蛛视力很好，
可以直接跳向猎物！
不做巢。

但因为蛛丝是用完不收回的，
所以有时会当作救命绳来用。

呜哇！

举起脚
求爱哦

跳蛛专有的
求偶舞蹈

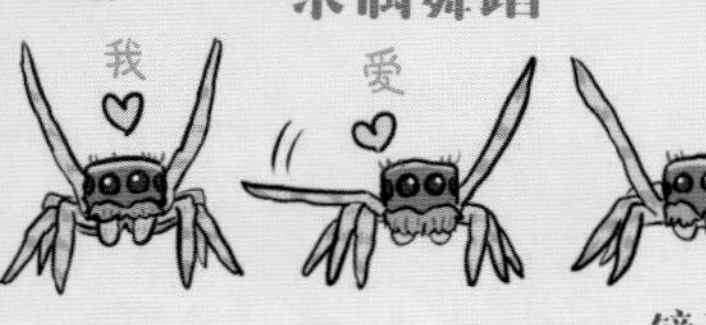
我
爱
你

这个叫作→
“书签绳”。
才不是书签绳呢！
就是
书签绳啊！
蜻蜓

跳蛛宝宝
在反复脱皮
之后渐渐长大。

1毫米左右
晃来晃去
YO
妈
妈！
要打架吗？

镜子

你想
干什么？
KILL

但威吓时也是相似的动作。

争当跳蛛专家

跳蛛是蜘蛛中种类最多的，
大约 6000 种以上！
日本也有 100 多种哦。

毛绒绒
角猫跳蛛

好漂亮
片冈跳蛛

看起来很强
武士跳蛛

假扮成蚂蚁
蚁蛛

Hey!

（海外）
跳起来
孔雀蜘蛛

首先在家里试着找一找，
基本上确定有这 3 种中的某一种。

选择喜欢的跳蛛吧。

神秘的博士

居家跳蛛
三大头

安德补跳蛛
世界第一
流行跳蛛

条纹跳蛛
橙色的额头
是魅力点

花纹跳蛛
比较大
日本西部比较多

接着让我们在周边的公园等
绿植多的地方找找看吧。

容易找到的推荐地点是
扶手、石墙、长草的人工造物等。

在这些地方仔细寻找的话，
应该能遇到颜色形状不同的
各种跳蛛。

嘶！
啊！野生的角猫跳蛛
出现啦！
跳蛛快照
跳蛛 GO
嘶！

什么？
把相机对准它们，
有时它们会向你投来目光哦。

决定了，就你啦。

嘶！

角猫跳蛛的一击！

如同江户时期的“鹰猎”，
让跳蛛抓虫子的“宴席鹰”
也曾风靡一时！
现代也还保留着让跳蛛打架的“小相扑”。

你这家伙！
你给我过来！

放在板子上
让它们打架。

推荐书目

跳蛛
指南手册

宠物小精灵图鉴
《跳蛛指南手册》
好评热销中

从很久以前就跟人类关系密切、
可爱又神秘的邻居，
无论何时都认真地活着。
为了与跳蛛相遇，
你也赶快踏上冒险之旅吧！

大家也快去
抓跳蛛吧。
抓什么抓啊。

神秘的少年

正论老鼠

美丽的僵尸专家
扁头泥蜂

生活在南亚和非洲等热带地区的蜂种！

又叫作“宝石蜂”（jewel wasp），是拥有翠绿色光泽的美丽之蜂。

带针的只有雌性

日本也有2种非常相似的蜂种哦。

体长约2厘米

先记下来。

三叶濑长穴蜂

里濑长穴蜂

能够捕捉蟑螂！竟然还会用特殊的毒素把蟑螂变成僵尸！

死亡之灾

糟糕

可爱
我是蟑螂哟！
我也能飞
跳
环纹蟑螂
（和实际的样子不同）
上天空

呜哇！
最初的一击！
刺
首先注入使蟑螂麻痹的毒！

呜……哇……
等待蟑螂的命运会是什么？！

翠绿色的恐怖施毒者

给动不了的蟑螂再来一击！
向蟑螂脑部（准确来说是食道下神经节）
射入强力神经毒素！
把被刺伤的蟑螂变成行尸走肉。

刺

蟑螂因为毒素里的多巴胺成分的作用，被强制性地变成“唯命是从”的状态，变成这种状态的蟑螂失去了一切想要逃跑的意志……

然后不知道为什么，开始把自己的身体打扮得漂漂亮亮。

完成第一步工作的扁头泥蜂切掉蟑螂的触角，然后从中吸取营养充分的血液。

据说是为了减少血量、调整毒素的效果。

然后把蟑螂带到自己的巢穴去！失去“恐惧心”的蟑螂只能在扁头泥蜂的诱导下，用自己的脚乖乖地一步步走进去……

把蟑螂带到巢穴深处的扁头泥蜂把卵产在蟑螂的身体上，堵住巢穴的入口后离去。

孵化出来的扁头泥蜂幼虫在蟑螂体内一边吃着宿主的身体一边长大哦。留下蟑螂这条命是为了让幼虫能吃到新鲜的肉。

当把肉吃完长大之后，就钻出蟑螂的身体来到外界！

再见

最后只剩下变成空壳的蟑螂尸体。虽然看起来很残酷，但这也是生命的神秘所在！恐怖美丽的施毒者，这就是扁头泥蜂。

极小的侵略者 火蚁

南美原产，带有剧毒的蚂蚁！2017年6月第一次确认入侵日本国内的外来生物。

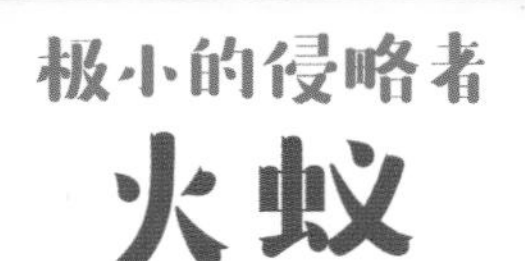
山。

汉字写作“火蚁”！英语写作“fire ant”燃烧 嗷！人被毒针扎到后会有像烧伤一般的强烈痛感，这是它名字的由来。

体长2.5～6毫米，形态多样，身体呈红褐色。

特点是搭圆屋顶状的蚁穴。

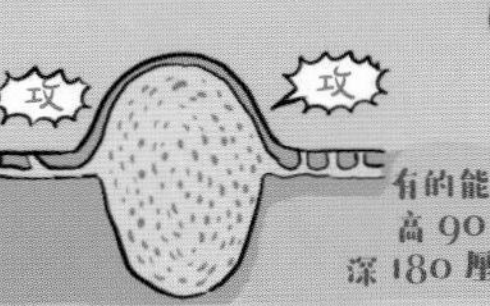
攻
攻
有的能达到
高90厘米
深180厘米！

刺
攻！
啊！

经常会反复刺很多次。

有时看不到毒针。

巢穴里的蚂蚁数量能达到数十万只！

攻
攻
攻
攻
啊！

团队力量超群！当巢穴遭到袭击时，会团结一致反向攻击哦。即使发现了它们的巢穴，也绝不要触碰！

有时会像“多人体操”一样聚集在一起，搭成一个小筏！

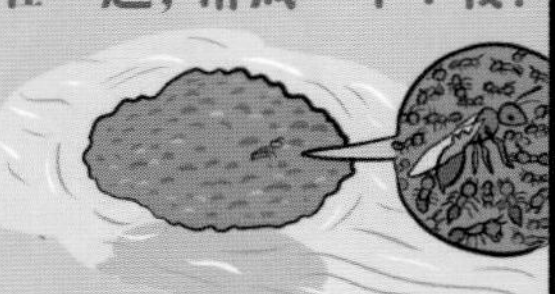

虽然火蚁有“杀人蚁”的别名，但实际上火蚁的毒当场致死的可能性比较低。万一被刺到也不要太慌张，首先冷静下来确认身体状况的变化，如果病情突变的话要及时前往医院！

在电影《蚁人》中作为值得信赖的伙伴大展拳脚（没有想到）。

冲啊！

停！火蚁君！

咔哧
咔哧
攻击！
家！！！
在燃烧
啊！

火蚁的麻烦之处不只是毒，
还有它被电力吸引的特质，
会入侵电力设备等城市基础设施。→引起火灾等事故
在美国每年会因此导致了亿美元的经济损失，
而且因为其具有攻击性，会袭击昆虫和小动物，
所以给生态系统带来了巨大的影响。
火蚁一旦定居下来，
其危害将无法估量……

攻击！
攻击！
攻击！
呜哇

火蚁
抬尾虫蚁

女王蚁
（女王）

公主蚁
玛丽

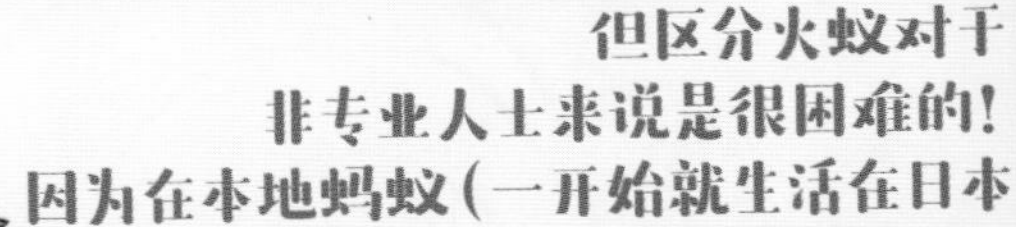

但区分火蚁对于
非专业人士来说是很困难的！
因为在本地蚂蚁（一开始就生活在日本的蚂蚁）中有很多与火蚁相似的种类。

如果因为过度害怕火蚁
而杀掉了为我们抵御外来物种
入侵的本地蚂蚁，
可能会造成火蚁泛滥的危险。
对于驱除需要慎重！

是火蚁！
喷
啊！
本地蚂蚁

当地的蚂蚁
都死了！
火蚁
太棒了！
进攻！

现在，日本的昆虫专家组成团队
携手作战，
阻止火蚁的进攻。
所以一般人遭遇火蚁的可能性
现阶段还是很低的。
我们在充分警惕的同时
不要过分害怕火蚁，
理解其生态是当下最重要的步骤。

极小外来生物特设灾害对策本部
简称"极灾对"。※只是想象而已

你干什么？！
火蚁什么？！

地球最强生命体？

水熊虫

生活在陆地和水中的生物！虽然叫作虫但它不是昆虫，而是一种被称为“缓步动物”的微生物。

大小仅有 0.05~1.5 毫米

好像芝麻粒。
芝麻
3毫米
水熊虫
0.5毫米

英文为 water bear（水熊）

正如其“缓步动物”的名号，它用 8 条腿一点一点地移动。

大多数生活在苔藓里，会吃线虫和轮虫哦。

呜哇！

爪子是钩爪。

雌性会同时进行蜕皮和产卵。

漂亮的卵！

从深海 2700 米到海拔 5000 米，在地球的任何角落都有它们的身影哦。

有 1000 种以上的水熊虫。

白色水熊虫
俗称白熊→
直接

深海的水熊虫
真时尚呀！

寻找水熊虫的方法

采取苔藓

你在干什么呢？

放在水里浸泡

用显微镜观察

干什么呢？你在

找到了！（×30）

呜哇！

让我们来仔细观察一下。

观察什么呀？

水熊虫的宇宙

水熊虫在周围变干燥的时候会变成像桶一样的形状，进入一种叫作“隐生”的假死状态！

这样啊。
桶

变得干燥了呢。
晚安……

所有的新陈代谢都停下来，所以能够长期生存哦。

“隐生”是藏起生命的意思，以前流行过的“咸水小虾”其实是一种处于“隐生”状态的叫作卤虫的甲壳类动物。

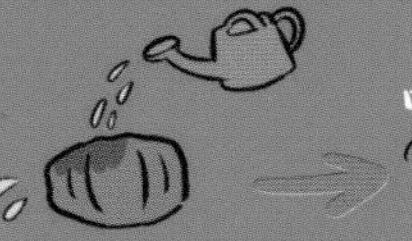
过了多少年啊？
唔

给它们水分的话就能复活！还有沉睡 9 年的例子。

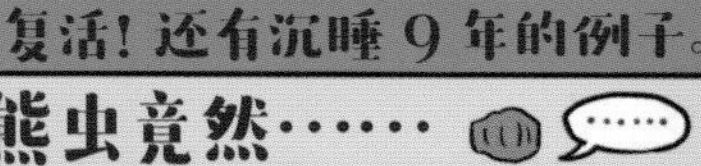

进入隐生状态的水熊虫竟然……

能够忍受150℃的高温！
呜哇！
可怜的小虾
能够忍受绝对零度！（零下273℃度）
搞砸了。
粗心大意的企鹅
能够忍受7.5个标准大气压的高压！
世界第一深的马里亚纳海沟的水压为1000个标准大
好厉害！
※ 没有鱼类
能够忍受放射线！（人类致死量的千倍）
人类灭亡后的世界
粗心大意的人类
搞砸了。

对于以上环境有着让人难以置信的“忍耐力”，这正是水熊虫被称为“地球最强生命体”的原因！

也许处于隐生状态的水熊虫能够在超低温、无重力、无氧的宇宙中旅行呢。

现在即使把它放逐宇宙空间 10 天也能复活

如果到达的星球上有水和细菌的话，也许能复活并生存下来（实际上有说法认为它能够在火星生存）。

这是哪儿？
咔嚓

也许像水熊虫一样的宇宙生命体早就已经生活下来了……

宇宙水熊虫

后　记

非常感谢大家看到最后。有没有觉得很有趣呢？“非常有趣？”“一定要看下一本？”“给你 5 亿日元？”真的吗？太赞了！yeah！

先不开玩笑啦，首先要对所有的读者表达我由衷的感谢。在这个有趣的“生物读本”任君随意挑选的时代，专门选择了我的《奇怪的生物图鉴》，真的是除了感谢还是感谢。特别是在 SNS 等网络上支持我的粉丝们，真的太谢谢你们啦！如果没有你们有趣的反馈，估计这本书也不会出版了……我今后也会以各种各样的形式继续进行活动，拜托大家支持哦。“第一次”接触到这本书的读者们请关注一下我的 Twitter（@numagasa）。这也是一种缘分呢，也许！

然后，我不是生物学专家，这本书涉及的范围又很广，物种很多，中田兼介先生负责这本麻烦的书的监修，除了万分感谢，我对中田先生也是佩服得五体投地。生物学是个每天都以超快速度进行信息更新的领域，验证每一个细节的论述都应该非常麻烦吧。虽然我作为作者是完完全全的新手，但至少这本书里的描述是没有大问题的……能安心出版这本书，不管怎么说都是中田先生的功劳。非常感谢您的细致监修。

一边鼓励我一边和我一起制作这本书的光文社须田奈津妃女士，为我设计好看封面的设计师，负责校对的老师，参考文献的作者，一直支持着摇摆不定的我的家人和朋友们，请允许我在这里，向你们道一声万分感谢。

最后，我要对家附近池塘边美丽的翠鸟大人表达诚心的感谢，并献上我的敬意。一天午后，偶然间我看到了两只翠鸟大人在池塘边和睦相处的情景，这便是《奇怪的生物图鉴》的开始（我完全没有想过最后会出版……）。希望今后大家可以像幸运的青鸟一样守护着我。但我也知道翠鸟大人才没有这个闲工夫呢，不管怎么说我都是从心底爱着大家的！呜哇！

那我就先写到这里吧。虽然说了很多次，但还是很谢谢大家陪我到最后。希望在这个广阔且不可思议的生物世界的某个角落里，能与您再次相见！

沼笠航

图书在版编目（CIP）数据

奇怪的生物图鉴 /（日）沼笠航著；Ina 译 . -- 长沙：湖南科学技术出版社，2020.5

ISBN 978-7-5710-0532-0

Ⅰ . ①奇… Ⅱ . ①沼… ② I… Ⅲ . ①动物—图解
Ⅳ . ① Q95-64

中国版本图书馆 CIP 数据核字 (2020) 第 046207 号

ZUKAI NANKA HENNA IKIMONO

Supervision:Kensuke Nakata

Original Japanese edition published by Kobunsha Co.,Ltd.
Publishing rights for Simplified Chinese character arranged with Kobunsha Co.,Ltd. through KODANSHA LTD.,Tokyo and KODANSHA BEIJING CULTURE LTD. Beijing,China.

著作权合同登记号：18-2018-309

奇怪的生物图鉴

QIGUAI DE SHENGWU TUJIAN

[日] 沼笠航 著　Ina 译

出版人　张旭东
出品人　陈　垦
出品方　中南出版传媒集团股份有限公司
　　　　上海浦睿文化传播有限公司
　　　　上海市巨鹿路 417 号 705 室（200020）
责任编辑　林澧波
责任印制　王　磊
出版发行　湖南科学技术出版社
社　　址　长沙市湘雅路 276 号（410219）
　　　　http://www.hnstp.com
　　　　天猫旗舰店网址：http://hnkjcbs.tmall.com
邮购联系　本社直销科 0731-84375808
经　　销　湖南省新华书店
印　　刷　深圳市福圣印刷有限公司

开本：880mm×1230mm 1/32　印张：3.25　字数：33 千字
版次：2020 年 5 月第 1 版　印次：2024 年 5 月第 10 次
书号：ISBN978-7-5710-0532-0　定价：56.00 元

出 品 人：陈　垦
策 划 人：余　西　　吕　昊
出版统筹：戴　涛
监　　制：于　欣
编　　辑：朱琛瑶
装帧设计：坂川朱音（krran）
美术编辑：陆　璐

欢迎出版合作，请邮件联系：insight@prshanghai.com
新浪微博：@ 浦睿文化